碳氮化钛基金属陶瓷梯度材料制备与应用

王洪涛　著

东北大学出版社

·沈　阳·

Ⓒ 王洪涛 2022

图书在版编目（CIP）数据

碳氮化钛基金属陶瓷梯度材料制备与应用 / 王洪涛
著. — 沈阳：东北大学出版社，2022.10
ISBN 978-7-5517-3153-9

Ⅰ. ①碳… Ⅱ. ①王… Ⅲ. ①钛基合金—金属陶瓷—
梯度复合材料 Ⅳ. ①TG148②TB339

中国版本图书馆 CIP 数据核字（2022）第 190469 号

内容简介

本书主要介绍碳氮化钛〔Ti(C，N)〕基金属陶瓷材料的发展概况、制备方法及应用。

全书共7章，内容包括：概论，Ti(C，N) 基金属陶瓷的设计，Ti(C，N) 基金属陶瓷的制备方法，金属陶瓷梯度材料的制备方法，Ti(C，N) 基金属陶瓷超微粉体的制备，细晶 Ti(C，N) 基金属陶瓷的制备，Ti(C，N) 基金属陶瓷梯度材料的制备。

本书适用于从事材料科学的研究人员、材料应用的技术人员及管理人员，也可作为材料专业研究生和高校教师的参考书。

出 版 者：东北大学出版社
　　　　　地址：沈阳市和平区文化路三号巷 11 号
　　　　　邮编：110819
　　　　　电话：024-83687331（市场部）　83680267（社务部）
　　　　　传真：024-83680180（市场部）　83687332（社务部）
　　　　　网址：http://www.neupress.com
　　　　　E-mail:neuph@neupress.com
印 刷 者：沈阳市第二市政建设工程公司印刷厂
发 行 者：东北大学出版社
幅面尺寸：185 mm × 260 mm
印　　张：7.5
字　　数：157 千字
出版时间：2022 年 10 月第 1 版
印刷时间：2022 年 10 月第 1 次印刷
责任编辑：张　媛　　　　　　　　　　责任校对：孙　锋
封面设计：潘正一　　　　　　　　　　责任出版：唐敏志

ISBN 978-7-5517-3153-9　　　　　　　　　　　　定　价：56.00 元

前 言

碳氮化钛基金属陶瓷是为适应高温工况环境下材料的服役与加工而开发的新型工模具材料。碳氮化钛基金属陶瓷高温性能优异，具有高硬度、高耐磨性、高红硬性、优良的抗高温蠕变性及高温化学稳定性，安全服役温度高于1000℃，且与金属之间的摩擦系数极低，已成为航空航天、国防装备、高端制造等高技术领域的关键材料。

碳氮化钛基金属陶瓷是用粉末冶金方法制成的多相复合材料，其以 TiC、TiN 为主要硬质组分，以 Ni、Mo 等为黏结剂，兼具金属与陶瓷材料的性能优点，是一种极具潜力的新型工模具材料。作为工具材料，可用于制造高速切削刀具，实现"以车代磨""以铣代磨""干式切削""绿色加工"；作为模具材料，可用于制造热作工模具，完成热轧、热挤、热锻、热冲等热成形加工。目前，Ti(C，N) 基金属陶瓷的应用日益广泛，用其制造的机械加工刀具数量占日本刀具市场的三分之一，占美国和欧盟市场的10％以上。Ti(C，N) 基金属陶瓷作为潜在的先进工模具材料，有望成为企业效益的放大器和倍增器。鉴于它优异的性能潜力与巨大的应用价值，有必要对其进行系统而深入的科学研究，进一步改善性能，扩大应用，提高其环境生态效益和社会经济效益。

本书获得天津市教委科研计划项目（2019KJ144）资助，并获得天津市一流本科课程建设项目（YLKC201902）、天津市教育工作重点调研项目（JYDY-20212023）、北京科技大学天津学院一流本科专业建设点项目（YLZY202201）、北京科技大学天津学院本科教育教学改革与研究重点项目（tyjy2021002）的资助。

本书在写作过程中，得到了北京科技大学天津学院院长丁煦生教授、学术委员会主席宋存义教授的大力支持与热情鼓励，得到了北京科技大学曲选辉教授、李宏教授、吴俊升教授、贾成厂教授、万发荣教授、沈卫平教授的热情鼓励与指导，华中科技大学熊惟皓教授提供了宝贵资料与热情指导，北京科技大学天津学院王丽娜老师、孙金娥老师、许志龙老师、刘振红老师给予了大力支持与帮助，在此一并致谢。写作过程中参考了国内外许多文献资料，在此向文献作者表示感谢。文后所列参考文献如有遗漏，请及时与作者联系，并敬请谅解。

由于作者水平有限，书中若有不当之处，敬请读者批评指正。

王洪涛

2022年9月

目 录

1 概 论

材料是社会进步的基础、科技发展的先导。航空航天、高端制造等行业的高速发展，特别是尖端科学技术的突飞猛进，对材料性能提出了更高、更严、更多的新要求。在高温、高压、高摩擦的工况环境下，传统的单一材料的性能已经不能满足复杂工况条件的实际需要，复合材料所具备的性能耦合与综合成为材料研究的一个必然阶段，所以，金属陶瓷复合材料是金属和陶瓷材料发展应用到一定阶段的必然产物。对于耐高温工模具材料而言，需要材料在高温条件下能够保持良好的强度、硬度及韧性，而传统的金属或陶瓷材料的力学性能指标之间存在彼此制约的关系，无论是金属还是陶瓷都很难同时具有这些性能，比如，金属材料的韧性好，但高温强度、抗氧化性不足；陶瓷材料的强度、硬度高，但韧性较低、容易碎裂等。材料在高温工况环境下服役时，客观上需要耐高温材料具备优异的高温综合性能，金属陶瓷因其兼具金属和陶瓷材料的性能优势，目前已成为耐高温材料领域的研究热点。

1.1 金属陶瓷的定义

金属陶瓷是金属与陶瓷合成的复合材料，由金属相与陶瓷相构成。顾名思义，这种复合材料兼有金属和陶瓷两种材料的性能。

金属陶瓷（cermet 或 ceramet）是由陶瓷（ceramics）和金属（metal）材料结合而构成的[1]，从制备工艺上看，金属陶瓷是用粉末冶金方法制取的通过黏结相复合陶瓷相而形成的一种多相复合材料。《辞海》（第七版）定义金属陶瓷为：由金属和陶瓷构成的复合材料。兼具金属的高强度、高韧性和陶瓷的耐高温、高强度和抗氧化性能等优点。美国材料与试验协会（American Society for Testing and Materials，ASTM）的陶瓷-金属复合材料研究专业委员会将陶瓷-金属复合材料定义为：一种由金属相或合金相与一种或多种陶瓷相组成的非均质的复合材料，其中陶瓷相的体积分数为15% ~ 85%，同时在制备温度下，金属相与陶瓷相间的溶解度是极微弱的[2]。按照这一定义，通常所说的金属陶瓷和传统的WC-Co硬质合金、钢结硬质合金等应该同属于这一范畴。但在工程领域，人们将用 Ni、Co 黏结的 TiC/Ti（C，N）基复合材料称为金属陶瓷，而将传统的 WC-Co 基复合材料称为硬质合金[3]。TiC/Ti（C，N）基复合材料由于 Co 含量较少或不含，在节省战略资源元素 Co 上具有优势，填补了 WC-Co 硬质合金与陶瓷材料之间的空白。随着金属陶瓷性能的提高，金属陶瓷有取代传统 WC-Co 硬质合金的发展前景。总之，从狭义上看，金属陶瓷是指复合材料中金属相和陶瓷相在三维空间上都存在界面的一类材料；从广义上看，金属陶瓷还包括难熔化合物合金、硬质合金、金属黏结的金刚石工具材料等。

金属陶瓷复合材料的组成相是陶瓷相和金属相。陶瓷相是具有高熔点、高硬度的氧化物或难熔化合物，金属相主要是过渡元素（镍、钼、钴、钨、铬等）及其合金。金属陶瓷的性能兼有金属材料和陶瓷材料的优点，具有硬度高、耐磨损、导热性好、密度小等特点。金属陶瓷材料既具有金属材料的韧性、高导热性和良好的热稳定性，又具有陶瓷材料的耐高温、耐腐蚀、耐磨损等性能，目前已广泛应用于火箭外壳部件、燃烧室喷口、热挤压模、挤压芯棒、热冲顶头、热锻模等，已成为适于高温环境下服役的重要新型耐高温材料。

1.2　金属陶瓷的分类

根据金属陶瓷复合材料中金属黏结相与陶瓷硬质相的质量分数不同，将金属陶瓷分为金属基金属陶瓷与陶瓷基金属陶瓷两大类，前者的金属黏结相的质量分数大于50%，后者的陶瓷硬质相的质量分数大于50%。金属基金属陶瓷以金属铝、镁、镍、铁、铜、钴等或其合金为基体，以连续长纤维、短纤维、晶须及颗粒等为增强体，通过冶金或粉末冶金制备而成，具有高温强度较高、易加工、导电导热性好、密度较高等特点，常用于制作航空器结构件、发动机活塞、机械化工零部件等；陶瓷基金属陶瓷主要以氧化物、碳化物、氮化物、碳氮化物为基体，以金属镍、钴、铁等为黏结剂，通过粉末冶金法制备而成，具有优良的强度、硬度、抗氧化性、耐高温等特点，常用于制作刀具材料、模具材料、矿山工具、耐磨结构件等。

我国科技工作者一般认为，Ti（C，N）基金属陶瓷属于陶瓷基金属陶瓷，是以Ti（C，N）为主要硬质组分，添加诸如 WC、TaC 之类的难熔金属碳化物或氮化物，并以Ni-Mo 等为黏结剂，有时用 Co 部分取代 Ni 的一种复合材料[4]。从传统的金属材料角度来看，金属陶瓷是一种超耐热硬质合金材料；从陶瓷材料角度来看，金属陶瓷应该被划分为陶瓷/金属复合材料范畴。与传统工模具材料相比，金属陶瓷的熔点高、耐蚀性好、密度低；与传统陶瓷相比，金属陶瓷兼具金属的韧性和陶瓷的硬度及耐高温冲击等优点[5]。

Ti（C，N）基金属陶瓷具有较高的硬度、耐磨性、红硬性，优良的化学稳定性和抗氧化性，与金属之间的摩擦系数小、密度低，并且具有一定的强度和韧性[6]。随着现代化工业技术的迅速发展，当前 Ti（C，N）基金属陶瓷在生产中的应用前景主要表现在两个材料应用领域：一是用作刀具材料；二是用作模具材料。

（1）用作刀具材料。Ti（C，N）基金属陶瓷刀具能够很好地适应当前机械加工向着高速、自动、精密、智能化发展的趋势。与 WC-Co 系硬质合金刀具相比，Ti（C，N）基金属陶瓷刀具有良好的化学稳定性、耐磨性及切削加工性，可提高加工件的表面粗糙度、尺寸精度[7]，并且成本低于 WC-Co 系硬质合金刀具[8]。当切削速度达到 1000 m/min 以上并要求进行干式、连续切削时，由金属陶瓷材料制造的高速切削刀具，可充分发挥其优良的高温、抗磨损性能及同金属加工件间的摩擦系数小等特点，不仅可以实现对钢材、有色金属的高速车削，也可以实现高速铣削，甚至达到"以车代磨""以铣代磨"的高级加工工艺要求，实现对工件进行表面无污染的"绿色加工"[9]。图 1.1 为 Ti（C，N）基金属陶瓷制造的切削刀具品种，其中，图 1.1（a）所示为钻头、铣刀及锯片，图 1.1（b）所示为焊接刀头，图 1.1（c）所示为可转位车刀与焊接车刀。

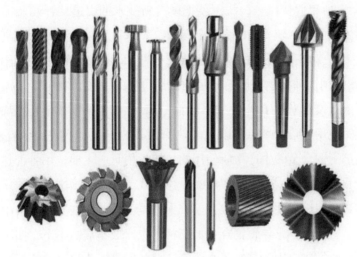

(a) 钻头、铣刀及锯片

(b) 焊接刀头

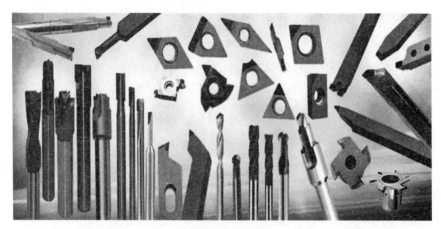

(c) 可转位车刀与焊接车刀

图 1.1 Ti（C，N）基金属陶瓷制造的切削刀具品种

（2）用作模具材料。模具成型技术因其具有生产效率高、材料利用充分、应用范围广阔等特点，在材料加工领域得到快速发展，模具工业被誉为工业之母，因此在我国备受重视。20世纪80年代初以来，我国就把模具新技术的引进、开发及推广放在国家科技发展计划的优先位置，随着国内急需的复杂、精密、大型、长寿命模具在设计和制造等方面取得突破，对模具材料的性能也提出了更高要求。当前，我国成为"世界工厂"，冶金领域的钢铁和有色金属的产量均位居世界第一位，其中管、棒、型、线等产品的生产都要依靠模具来加工成型。据统计，型材生产中的模具消耗平均占生产成本的15%~20%，而使用温度在800℃以上的热作模具，则成本更高，消耗量也更大。目前，我国在热挤压铜合金的生产中所使用的热挤压模具，主要选用各种热作模具钢来加工制造，由于铜合金的热挤压温度为780~1000℃，高于热作模具钢的高温回火温度，所以热挤压模具在使用中硬度衰减快、模具失效早。因此，在实际生产中不得不频繁更换模具，降低了生产效率，导致铜合金加工材料生产成本居高不下，实际上限制了铜作为绿色环保金属的推广应用，制约了企业经济效益的进一步提高。所以，开发新型高性能耐热模具材料，对于提高热挤压模具使用寿命，提高成品率及制品表面质量，降低生产成本，提高经济效益和社会效益都具有重要意义。图1.2所示为 Ti（C，N）基金属陶瓷制造热挤压模（内芯）。

当前，Ti（C，N）基金属陶瓷作为模具材料，在使用性能上，特别是在强韧性上还不能满足实际需求。如

图 1.2 Ti（C，N）基金属陶瓷制造的热挤压模

何提高 Ti（C，N）基金属陶瓷的强韧性就成为现在材料工作者所关注的关键问题[10-12]。近年来，国内外的研究人员用 Mo、Co、Ni、Cr、Al 等作为黏结剂，WC、TaC、NbC、VC、HfC、ZrC、Cr_3C_2 等作为添加剂对其进行合金化，使其力学性能有了较大提高[13-14]。

综上，在保持 Ti（C，N）基金属陶瓷优良高温性能的同时，通过深入研究，改善其韧性，提高其综合性能，Ti（C，N）基金属陶瓷将成为一种大有可为的先进工模具材料。

1.3　金属陶瓷的特性

金属陶瓷的突出特性是既保持有陶瓷的高强度、高硬度、高耐磨、耐高温、抗氧化及化学稳定性等特性，又具有金属良好的韧性和可塑性。金属陶瓷由金属相与陶瓷相构成，两个构成相之间的关系具有以下特点：

（1）金属相与陶瓷相之间不发生剧烈的化学反应。在金属陶瓷的制备中，如果金属相与陶瓷相在相界面发生剧烈化学反应，必然在相界面处生成化合物，这将无法利用金属相的塑韧性来抵抗机械冲击和热冲击。

（2）金属相对陶瓷相的润湿性良好。金属对陶瓷颗粒的润湿能力是影响金属陶瓷组织结构与性能优劣的关键因素之一。金属相的润湿能力越强，则金属相形成连续相的可能性越大，金属陶瓷的性能越好。

（3）金属相与陶瓷相的膨胀系数接近。若金属陶瓷的组成相（金属相与陶瓷相）之间的热膨胀系数相差较大，则在高温环境下必然造成较大的内应力和残余应力，从而降低金属陶瓷的热稳定性和韧性。

1.4　Ti（C，N）基金属陶瓷的发展概况

Ti（C，N）基金属陶瓷是在 TiC 基金属陶瓷基础上发展起来的一类新型模具材料，其发展历史如下。

1929 年，TiC-Ni 基金属陶瓷问世，最初作为 WC-Co 系硬质合金的代用材料，主要用于切削加工，但是脆性大，限制了它的应用[15]。1931 年，Ti（C，N）基金属陶瓷问世，但未引起重视。20 世纪 50 年代，在研制喷气发动机叶片用的高温材料时，发现 TiC-Ni 系金属陶瓷具有密度小、高温力学性能好的特点，但在烧结时因 Ni 不能完全润湿 TiC，而发生 TiC 颗粒聚集长大，导致材料的韧性差，达不到作为耐热材料的使用要求。1956 年，美国福特公司的 Humenik 等人[16-17]发现，在 TiC-Ni 基金属陶瓷中添加 Mo 之后，可改善 Ni 对 TiC 的润湿性，使 TiC 晶粒细化，陶瓷合金的强度大幅提高。这一发

现是TiC基金属陶瓷制备技术的重大突破。1959年，美国制成第一个精加工用的TiC基合金牌号，并获得了专利。进入20世纪60年代，日本东芝、三菱和住友等公司对TiC基金属陶瓷的切削性能进行了研究。1965年以后，更多硬质合金厂投入TiC基金属陶瓷的研制工作。金属陶瓷的品种牌号也迅速增加，TiC基金属陶瓷从原来的基本组成TiC-Ni-Mo系发展成TiC-Ni-Mo-WC系等多种系列。1970年，奥地利维也纳工业大学Kieffer[18]首先系统研究了TiC-TiN-Ni-Mo系金属陶瓷的性能，纠正了当时人们对含N金属陶瓷的认识偏差，掀起了金属陶瓷的研究开发热潮[19]。Kieffer等研究发现，在TiC-Mo-Ni系金属陶瓷中通过添加TiN引入N元素，可以明显细化硬质相颗粒，从而大幅提高TiC基金属陶瓷的性能，从此出现了Ti（C，N）-Mo（或Mo_2C）-Ni系金属陶瓷[20]，其综合性能明显改善，这是Ti（C，N）基金属陶瓷研究中的又一次飞跃。至20世纪80年代，日本材料学家对TiC/Ti（C，N）基金属陶瓷作了更深入的研究，出于对资源因素的考虑，含N的金属陶瓷作为工具材料在日本有着更为广泛的应用，其在日本市场占有率由20世纪70年代末的略高于10%猛增到1988年的30%，显示了含氮金属陶瓷作为传统WC-Co硬质合金的替代材料的巨大潜力[21]。Ti（C，N）基金属陶瓷的发展历史，如表1.1所示[22]。

表1.1 Ti（C，N）基金属陶瓷的发展历史

年份	硬质相	黏结相
1929	TiC	Ni
1931	Ti（C，N）	Ni
1956	TiC	Ni-Mo
1961	(Ti，W) C	Ni-Mo
1970	Ti（C，N）	Ni-Mo
1974	(Ti，Mo) (C，N)	Ni-Mo
1977—1983	(Ti，Mo，W) (C，N)	Ni-Mo-Al
1988	(Ti，Ta，Nb，V，Mo，W) (C，N)	(Ni，Co)-Ti_2AlN
1989	(Ti，Ta，Nb，V，W) (C，N)	Ni-Co
1991起	(Ti，Ta，Nb，V，W，Mo，…) (C，N)	Ni-Co-Cr

日本市场上常用的金属陶瓷的牌号和性能如表1.2所示。

表1.2 日本市场上常用的金属陶瓷的牌号和性能

牌 号	N302	N308	N310	N350
主要性能	高耐磨性	高韧性	更高韧性	更高韧性
组成成分	TiCN-WC-TaC	TiCN-WC-TaC	TiCN-WC-TaC	(Ti，W，Ta) CN
硬度/(HRA)	93.0～94.0	91.0～92.0	91.0～92.0	92.5～92.5
抗弯强度/MPa	1200～1400	1600～1800	1700～1900	1700～1900
密度/ ($g \cdot cm^{-3}$)	6.4	7.0	7.0	7.0

当前，日、美、英、德等国家加强了金属陶瓷改善强韧性方面的研究，通过改进配方，采用细粉、超细粉甚至纳米粉原料，尝试各种强化增韧方法来进一步提高金属陶瓷的综合性能，制备性能更优的金属陶瓷材料；目前，许多关于 Ti（C，N）基金属陶瓷制备技术方面的专利不断出现，Ti（C，N）基金属陶瓷制品的市场占有率也逐年增加。

我国在"八五"期间，也投入大量人力、物力、财力进行金属陶瓷的研发工作，并研制出一些牌号的 Ti（C，N）基金属陶瓷刀具。在开发过程中较为突出的问题是：刀具制造过程中的成品率较低，刀具的性能不稳定，特别是强韧性不足。这些有待于在后续的研究中完善制造工艺，提高使用性能。Ti（C，N）基金属陶瓷模具制品虽然目前还处于研发阶段，但其潜在性能优异，发展前景广阔。我国自主开发的几种金属陶瓷的牌号和性能，如表1.3所示。

表1.3 我国市场上正在试用的几种金属陶瓷的牌号和性能

牌 号	TN05	TN10	TN20	TN30
主要性能	高耐磨	高耐磨，韧性较高	耐磨性较好，韧性高	耐磨性较好，韧性高
硬度（HRA）	≥93	≥92.5	≥91.5	≥90.5
抗弯强度/MPa	1000	1200	≥1400	≥1550
密度/（g·cm^{-3}）	≥6.2	≥6.5	≥6.8	≥6.8

在使用性能上，与传统 WC-Co 硬质合金相比，Ti（C，N）基金属陶瓷在力学性能、物理性能及化学性能方面都有较大优势：

（1）硬度、抗弯强度高。硬度：91～93 HRA；抗弯强度：1600～2600 MPa；断裂韧性：12～16 MPa·m$^{1/2}$。

（2）耐磨性好。抗月牙洼磨损，耐磨性是硬质合金的3～4倍。

（3）抗高温氧化。Ti（C，N）基金属陶瓷适于1000 ℃高温服役条件，刀具的月牙洼磨损开始温度比硬质合金高300～400 ℃。

（4）化学稳定性好。Ti（C，N）基金属陶瓷耐酸碱腐蚀、抗环境腐蚀性好。

Ti（C，N）基金属陶瓷的性能缺陷是：属于脆性材料，强韧性不足，使用中沿相界面的脱开或断裂仍然是其主要失效形式。

针对 Ti（C，N）基金属陶瓷存在的相界面强韧性不足的技术难题，国内外材料工作者基于粉末冶金法，从多角度展开深入研究。目前较有成效的研究思路主要有两个：一是从均质材料设计原理出发，利用经典的 Hall-Petch 细晶强化理论、纤维强化理论等，设计制备出超细晶和纳米晶金属陶瓷，对材料的成分、组织、性能、制备工艺等方面进行优化，在基体强化研究方面已取得明显成效。二是从非均质材料设计理念出发，根据 Ti（C，N）基金属陶瓷的化学成分与界面结构特点，充分利用基本组成相的物理、化学性质，制备梯度金属陶瓷材料，从根本上解决相界面强韧性不足的技术难题，目前已取得明显进展。

综上，提高金属陶瓷的强韧性是目前 Ti（C，N）基金属陶瓷研究的主要任务和发展趋势。

1.5 细晶 Ti（C，N）基金属陶瓷的研究概况

Ti（C，N）基金属陶瓷是一种本征脆性材料，强韧性不足是限制其应用的关键问题，协调强度、硬度及韧性之间的矛盾，是提高其强韧性的关键[23]。当前，材料研究工作者从均质材料设计原理出发，利用经典的 Hall-Petch 细晶强化理论、纤维强化理论等，设计制备细晶和纳米晶金属陶瓷，可以对材料的成分、组织、性能、制备工艺等方面进行优化，能够在一定程度上改善金属陶瓷材料强度（韧性）和硬度之间的矛盾。

（1）晶粒尺寸术语。

利用粉末冶金方法，制备细晶粒 Ti（C，N）基金属陶瓷材料，应从粉体的制备开始，在各个制备工序上控制晶粒尺寸，即通过烧结前的粉体尺寸控制、烧结中的晶粒尺寸控制，来提高材料的综合力学性能。

本书中关于晶粒尺寸范围的相关术语，采用文献中使用较多的英国硬质合金协会在 2001 年颁布的标准[23]，如表 1.4 所示。

表1.4 尺寸术语和对应的尺寸大小范围

晶粒等级（中国）	晶粒等级（英国）	尺寸范围/μm
纳米	Nano	≤0.2
超细（超微、特细）	Ultrafine	0.2 ~ 0.5
亚微（次微）	Submicron	0.5 ~ 0.8
细	Fine	0.8 ~ 1.3
中等粗	Median	1.3 ~ 2.5
粗	Coarse	2.5 ~ 6.0
特粗（很粗、非常粗）	Extra coarse	>6.0

（2）细晶 Ti(C，N) 基金属陶瓷研究现状。

为提高 Ti(C，N) 基金属陶瓷的强韧性，制备细晶 Ti（C，N）基金属陶瓷，当前研究的焦点集中在细化硬质相颗粒、提高黏结相强度以及优化表面处理技术等方面[24-26]。文献 [23] 通过优化 Ti(C，N) 基金属陶瓷的成分设计，采用高金属相、超微粉以及添加晶粒长大抑制剂等措施，结合先进烧结技术，制备高性能细晶粒 Ti（C，N）基金属陶瓷工模具材料，实现了在铜合金热挤压模、铝合金组合挤压模上的应用，Ti（C，N）基金

属陶瓷制作的热挤压模的使用寿命相比碳化钨基硬质合金有明显提高，并且由于其抗氧化性优异，热挤压温度下，模孔烧损较少，表现出优异的高温综合性能，在模具尺寸稳定性上具有明显优势。研究结果表明：硬质相粉末粒度对金属陶瓷组织结构和性能有着重要的影响，使用较细的粉体烧结出的金属陶瓷具有更好的性能[27-28]。文献［23］指出，要制备高性能的细晶粒 Ti(C，N) 基金属陶瓷，首先要制备超细 TiC、TiN 粉体。表1.5 至表 1.7 为细晶粒 Ti(C，N) 基金属陶瓷的力学性能[29-30]。

表 1.5　细晶 Ti（C，N）基金属陶瓷力学性能

晶粒尺寸/μm	硬度(HRA)	抗弯强度/MPa
0.80	91.8	2160
1.05	91.7	1800

表 1.6　亚微 Ti（C，N）基金属陶瓷力学性能

晶粒尺寸/μm	硬度(HRA)	抗弯强度/MPa
0.65	90.6	2266

表 1.7　超微 Ti（C，N）基金属陶瓷力学性能

晶粒尺寸/μm	硬度(HRA)	抗弯强度/MPa
0.28	92.2	2500

注：由 M. Ehira 制备（1995年），化学成分：$43TiC-18TiN-7WC-4TaC-4Mo_2C-8Ni-16Co$（mol%）。

对于金属陶瓷而言，最重要的性能指标是硬度和强度。而影响硬度的主要因素有致密度、硬质相的晶粒尺寸及黏结相的体积分数。根据 Hall-Petch 公式，见式（1-1），材料屈服应力（或硬度）与晶粒尺寸的关系为：

$$\sigma = \sigma_a + K_n d^n \tag{1-1}$$

式中：σ——0.2%条件屈服应力，MPa；

σ_a——移动单个位错时所需克服的点阵阻力，MPa；

K_n——常数；

d——平均晶粒直径，mm；

n——晶粒尺寸指数，通常为 $-\dfrac{1}{2}$。

根据 Hall-Petch 关系式，减小晶粒尺寸可提高材料的强度（或硬度）。在致密度、黏结相体积分数不变的情况下，硬质相晶粒的尺寸对材料的性能影响较大。一般来说，晶粒的尺度越小，材料的硬度越高。

金属陶瓷的强度除了受到材料晶粒尺寸的影响外，还受到材料组织缺陷（如显微孔隙、微区 Ni 熔池等）的影响。利用细化晶粒方法提高材料性能的前提是尽可能消除组织缺陷，如降低孔隙率等，否则，不利于材料性能的提高。文献［27］研究了与金属陶瓷同类的 WC-Co 硬质合金，探讨了晶粒尺寸和孔隙缺陷对材料性能的影响，如表 1.8 所示。

从表 1.8 可看出，硬度随晶粒尺寸的减小而升高，但强度有所降低，原因为材料孔隙率的升高。近年来，已成功制备出含组织缺陷较少、性能优异的超微米硬质合金材料，这表明细化晶粒是提高粉末冶金材料性能的可行方法。

表 1.8 晶粒尺寸变化对 WC-Co 材料机械性能的影响

WC 晶粒尺寸/mm	硬度 HV/MPa	抗弯强度/MPa
0.9	1520	2500
0.5	1710	2100
0.3	1800	1800

1.6 Ti（C，N）基金属陶瓷梯度材料的研究概况

梯度功能材料（functionally graded materials，FGM）指成分或显微组织结构在一定尺度的空间内呈现梯度变化，而使材料物理、化学及力学性能也呈现相应的梯度变化的一种高性能新型材料[31]。1987年，新野正之、平井敏雄和渡边龙山[32]等人针对航天发动机出现的高温差（大于1000 ℃）下不能正常工作的问题提出非均质材料设计方法，通过控制化学组成、组织结构呈现连续梯度变化，消除明显的相界面，从而使材料的性质和功能沿厚度方向也呈梯度变化，可以有效协调材料强韧性与硬度之间的矛盾，为发展极端条件下使用的材料或超常综合性能材料的制备开辟了新途径，得到全世界材料界的高度重视，并开发出了用途各异的梯度材料。

1987年，日本科技厅以应用于航空航天领域的超高温结构材料的开发作为目标，启动了"用于应力缓和的FGM开发基础技术的研究"的五年期研究项目，成功开发出热应力缓和型的FGM材料。1993年，日本科技厅再次设立"功能梯度结构的能量转换材料开发研究项目"的五年期研究项目，掀起了梯度功能材料的第二个研究热潮。

同一时期，美国、德国、法国、瑞士、俄罗斯等国家也陆续开展了这方面的研究工作。1993年，美国国家标准技术研究所开始开发以超高温耐氧化保护涂层为目标的大型FGM研究项目。在我国，1984年，武汉工业大学的袁润章教授首先提出了功能梯度材料的概念，并开展了金属-陶瓷梯度复合刀具材料的研究工作。随后，中国科学院金

属研究所、中国科学院上海硅酸盐研究所、华中科技大学、北京科技大学、天津大学、哈尔滨工业大学、西北工业大学等单位，在梯度材料设计、制备、测试等方面做了大量研究工作，在梯度材料性能上取得了实质进展。

一般来说，材料性能存在四大效应：尺寸效应、量子效应、表面效应及界面效应。对于多相复合材料，其力学性能在很大程度上由界面的变形机制和失效机制决定，因此，通过控制材料成分和结构的空间梯度分布来实现界面力学行为的调控就成为可能。梯度结构可显著地降低穿过界面时力学性能的失配所造成的应力集中，同时可以降低热应力或残余应力的集中，从而提高界面的结合强度和断裂韧性。

目前，功能梯度材料有两种：薄膜梯度材料和双相梯度材料。薄膜梯度材料是将具有特殊功能的薄膜梯度材料制备于基体表面，起到保护基体的作用。双相梯度材料是在两种材料的界面处制备梯度过渡层，构成夹心式三层结构。由于梯度过渡层可以克服双相材料界面处的热学性能、力学性能的失配，从而减少应力集中，提高界面的结合强度。研究结果表明：梯度材料具有良好的耐高温、抗氧化、抗烧蚀、抗热冲击、耐磨损等性能，已被应用于航空航天、汽车制造、材料加工等多个行业。

20世纪80年代中期，瑞典Sandvik公司通过渗碳成功制备出具有梯度结构的WC-Co双相硬质合金（Dual-Phase hardmetal，D-P硬质合金），并开发出3个牌号：DP55、DP60、DP65，其耐磨性和韧性明显优于传统硬质合金。近年来，越来越多的研究者从事制备梯度结构硬质合金和金属陶瓷，希望通过优化成分设计和工艺使材料的成分或显微组织结构从表面到心部实现梯度分布，表面富含耐磨硬质相、内部富含强韧黏结相，从而实现材料强韧性与硬度的完美结合[33]。图 1.3 所示为功能梯度金属陶瓷的发展过程。

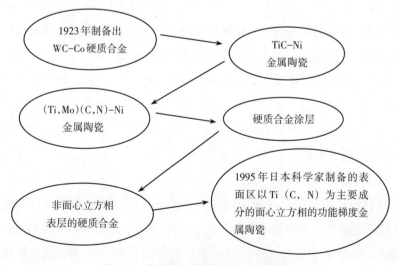

图1.3　功能梯度金属陶瓷的发展过程

功能梯度材料从表面到心部性能结构呈梯度变化，这样的材料一侧具有陶瓷的耐磨、强度高等特性，能够承受高温、磨损等恶劣的工作条件；另一侧具有金属的特性，有较高的强度和较好的韧性。而在材料的界面，材料的成分呈连续梯度式分布，不存在明显的界面。图1.4所示为均质材料与梯度材料的表面结构对比示意图。

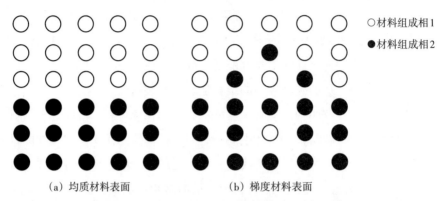

（a）均质材料表面　　　　（b）梯度材料表面

图1.4　均质材料与梯度材料的表面结构对比示意图

一般情况下，金属陶瓷的组织属于均质材料组织，从金属陶瓷的金属相与陶瓷相的相对构成比例上看，若陶瓷相占比过高，则金属陶瓷的力学性能表现为硬度高但韧性差；反之，则金属陶瓷的力学性能表现为韧性较好但硬度低。所以，均质材料在实际使用中存在着硬度与韧性之间的矛盾，两者之间协调困难，难以兼得。

常规的Ti（C，N）基金属陶瓷和硬质合金材料的成分和性能从表到里基本一致，都属于多相复合的均质材料。多相材料的组织在客观上存在相界面，在高温条件下服役时，由于金属相与硬质相之间的热膨胀系数不同而必然产生热应力，在热应力与组织应力以及承载时的机械应力的叠加作用下，表面萌发热疲劳裂纹，引发早起失效。

对于具有梯度表面结构的薄膜-基体材料而言，一方面出于功能梯度材料的成分从基体到表面无界面连续变化，大大地减小了沉积薄膜的内应力，增强了基体和薄膜间的结合强度；另一方面基体与薄膜间的膨胀系数不是在界面处突变，而是在一定的厚度范围内连续变化，使得热应力不再集中于界面，即热应力得到缓解，从而改善了薄膜的性能，与均质的单层膜相比，更具有优势。与均质材料相比，非均匀的梯度结构硬质合金与金属陶瓷在很多服役条件下表现出明显的优势，梯度结构化现已成为硬质合金与金属陶瓷切削加工材料制备技术的一个重要发展方向。

将FGM材料设计思路应用于金属陶瓷材料设计，用连续变化的组分梯度代替突变的界面，能起到缓解热应力的作用，避免应力集中，利于提高材料的断裂韧性、疲劳强度及抗热震性，协调硬度与强韧性之间的矛盾。所以，Ti（C，N）基金属陶瓷梯度材料具有在高温环境下缓解热应力的功能性的优点，具有协调材料强度、韧性及硬度之间矛盾的优势。图1.5所示为Ti（C，N）基金属陶瓷梯度材料的热应力缓释功能模型。

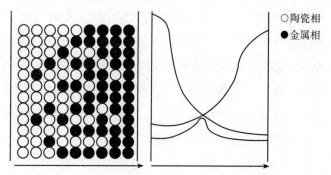

○陶瓷相
●金属相

图1.5　Ti（C，N）基金属陶瓷梯度材料的热应力缓释功能模型

目前，制备Ti（C，N）基金属陶瓷梯度材料的方法主要有：固相烧结法、原位扩散法、浸渗法、控制气氛烧结法[34]等。图1.6为控制气氛烧结法制备Ti（C，N）基金属陶瓷梯度材料的热应力缓释功能模型。Ti（C，N）基金属陶瓷在表面氮化处理时，在高温、高压的作用下N元素的活度较高，并且与Ti元素的亲和力较强，将促使富含W、Mo元素的环形相不断溶解，并且促使W、Mo原子向材料内部扩散，材料内部的Ti原子向表面扩散，从而形成成分分布梯度，而且由于环形相溶解，大颗粒将分解为小颗粒，晶粒细化，获得良好的综合性能。研究发现，用Ti（C，N）基金属陶瓷梯度材料制作的刀具，在对高速轴进行干式车削时，可提高前刀面和后刀面的抗磨蚀磨损能力。

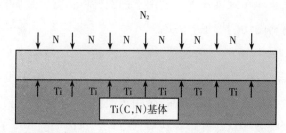

图1.6　控制气氛烧结法制备Ti（C，N）基金属陶瓷梯度材料的热应力缓释功能模型

通常为了获得结构致密的梯度材料，需要将上述两种甚至多种方法相结合。例如，从非均质材料设计理念出发，根据Ti（C，N）基金属陶瓷的化学成分与相结构特点，充分利用基本组成相的物理、化学及热力学性质，采用"等离子体活化+气氛热等静压法"，在Ti（C，N）基金属陶瓷表面原位制备高温性能优异的单质TiN硬质薄膜，并由表及里化学成分与性能均呈梯度分布，形成Ti（C，N）基金属陶瓷梯度材料，可以发挥TiN硬质薄膜高强、高硬、高耐磨的性能优势，有利于提高Ti（C，N）基金属陶瓷的耐热疲劳性能。当前，Ti（C，N）金属陶瓷梯度材料作为潜在的高温、高耐磨工模具材料，在刀具、模具及矿山工具的制造上具有良好的应用前景。

（1）刀具材料。

Ti（C，N）基金属陶瓷梯度材料刀具的出现和应用是金属切削刀具发展中的一次技术飞跃。将超硬薄膜材料以梯度结构的方式制备于金属切削刀具表面，从而制成具有梯度结构的切削刀具，适应了现代制造中高速切削、干式切削及微润滑切削等对高性能切削刀具的技术需求，提高了金属切削刀具在现代机械加工过程中的耐用度和适应性，使难加工材料的高效加工成为可能。Ti（C，N）基金属陶瓷梯度材料刀具解决了传统均质金属陶瓷刀具、硬质合金刀具在耐磨损、抗破损、抗氧化、抗热震等方面的不足。刀具组成相中的金属相若呈梯度分布，可以改善陶瓷材料的脆性和可加工性，提高陶瓷材料的断裂韧度。当前在刀具研究中将固体润滑剂制备于刀具表层并呈梯度分布，在一定程度上缓和了刀具的自润滑性和力学性能难以兼顾的技术难题，已成为自润滑刀具材料的研究热点。总之，刀具的 FGM 设计思路的关键在于通过制备方法控制组成的空间分布、微观结构形成梯度结构，起到缓和热应力、组织应力、机械应力以及制备过程中的残余应力的作用，从而大幅提高刀具的综合力学性能，延长刀具的使用寿命。

Ti（C，N）基金属陶瓷梯度材料可以制作多种切削工具。我国高端切削工具中金属陶瓷基复合材料用量约占整个陶瓷复合材料产量的四分之一，其中用于焊接刀具的占62%左右，用于可转位刀具的占38%左右。数控加工用的刀具中金属陶瓷基复合材料占可转位刀具的18%左右。Ti（C，N）基金属陶瓷梯度材料可以制作的刀具包括车刀、铣刀、刨刀、钻头、小圆锯片等，适用于钢铁材料、有色金属材料的切削加工，尤其适用于对不锈钢材料的切削加工。

（2）模具材料。

Ti（C，N）基金属陶瓷梯度材料适于制作在高温环境中服役的热作模具，主要有：铜合金等重有色金属热挤压模、铝合金用热锻模、热轧钢管用的穿孔顶头、浮动芯棒头、高速线材吐丝嘴及线材热轧辊等热成型模具。热成型的共性工况条件是高温、高应力、高摩擦，并伴有强冲击和冷热循环，这样的服役条件下可发挥 Ti（C，N）基金属陶瓷梯度材料的抗氧化、耐疲劳性能及其热应力缓释功能，避免产生疲劳裂纹而导致热作模具早期失效。

（3）矿山工具。

Ti（C，N）基金属陶瓷梯度材料适于制作抗冲击、高耐磨的矿山工具，主要用于冲击凿岩的钎头、勘探用钻头、截煤机的截齿、冲击钻、牙轮钻等。

（4）零部件与结构件。

Ti（C，N）基金属陶瓷梯度材料适于制作在高温环境中服役的零部件与结构件，包括：高温旋转密封环、压缩机活塞、车床夹头、磨床芯轴、无心磨导板、高炉煤粉喷嘴、热轧穿孔顶头等。并且，应用领域与产品仍在不断扩展，如民用领域中的表链、表壳、高级拉链头、高档商标等，均表现出较高的市场竞争力。图 1.7 所示为 Ti（C，N）基金属陶瓷梯度材料制造的各类零部件。

图 1.7　Ti（C，N）基金属陶瓷梯度材料制造的各类零部件

2 Ti（C，N）基金属陶瓷的设计

2.1 Ti（C，N）基金属陶瓷的设计原则

Ti（C，N）基金属陶瓷的设计目标是：既要保持陶瓷的高强度、高硬度、高耐磨、耐高温、抗氧化及化学稳定性等特性，又要发挥金属材料良好的韧性和延性。这就要求金属陶瓷的各组成相之间满足化学相容性、热力学相容性、物理相容性，以及金属相的增韧性应选择适当等条件。

（1）化学相容性。化学相容性是材料设计过程中必须关注的关键因素，确定金属陶瓷梯度材料的基本组分，首先应保证各组分之间的化学相容性，即在烧结温度范围内各组分之间发生化学反应的可能性应尽可能小。金属相与陶瓷相之间不发生剧烈的化学反应，但要有一定的溶解度。金属陶瓷在制备中如果金属相与陶瓷相之间的相界面发生剧烈化学反应，必然在界面生成化合物，将无法利用金属相的塑韧性抵抗机械冲击和热冲击。而发生少量但不剧烈的化学反应，一定程度的界面反应能有效改善金属黏结相对陶瓷硬质相的润湿性，从而极大地提高润湿效果，改善金属相与陶瓷相的相容性，利用桥联作用提高金属陶瓷的断裂强度。

（2）热力学相容性。热力学相容性对于金属陶瓷体系而言，主要是指熔融金属相与陶瓷相之间可以构成稳定的体系，金属相与陶瓷相之间应具有良好的润湿性，这是金属陶瓷具备优良性能的必要条件。金属相对陶瓷颗粒的润湿能力是影响金属陶瓷组织结构与性能优劣的关键因素，金属相的润湿能力越强，则金属相形成连续相的可能性越大，从而获得牢固的界面结合，在承受载荷时，可利用金属黏结相的良好塑性，改善金属陶瓷的韧性，从而提高综合性能。

（3）物理相容性。物理相容性主要指金属相与陶瓷相的热膨胀系数接近，弹性模量和泊松比的匹配等。特别是热膨胀系数，在高温环境下热膨胀系数的匹配在一定程度上决定了残余应力的分布状态，从而影响材料的高温力学性能。金属陶瓷中若金属相与陶瓷相的膨胀系数相差较大，在高温环境或急冷急热条件下产生较大的内应力与残余应

力，萌发裂纹或断裂，降低金属陶瓷的韧性。金属陶瓷的线膨胀系数应与弹性模量相协调，否则承载时易造成基体萌发裂纹或裂纹避开增韧颗粒而在基体中扩展，导致金属陶瓷韧性较差。

（4）金属相的增韧性应选择适当。若金属相的强度高于陶瓷基体，则在发生塑性变形前会出现基体断裂，不能有效发挥金属相塑性变形带来的增韧效果。研究表明，增韧相具有较低的屈服强度时，有利于发挥增韧作用。

2.2　Ti（C，N）基金属陶瓷的化学成分设计

Ti（C，N）基金属陶瓷的合金成分较多，每种成分对性能的影响各不相同。图2.1所示为Ti（C，N）基金属陶瓷各合金成分（按照研究时间出现的先后顺序）。一般以为，Ti（C，N）基金属陶瓷的基本成分都是由TiC、TiN、Mo(Mo₂C)及Ni等组成的，再根据不同的性能需要加入不同的碳化物、氮化物等添加剂。

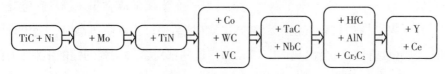

图2.1　Ti（C，N）基金属陶瓷（按研究时间先后顺序出现的合金成分）

从图2.1可看出，Ti（C，N）基金属陶瓷源于TiC基金属陶瓷，是TiC基金属陶瓷材料的延续、发展和丰富，其组分演化经历了一个从简单到复杂、循序渐进的过程。

表2.1为Ti（C，N）基金属陶瓷主要合金成分的物理性能[35]。

表2.1　主要合金成分的物理性能

成分	熔点/(T·K⁻¹)	密度/(g·cm⁻³)	硬度HV/MPa	热胀系数/10⁻⁶K	导热率/(W·cm·K⁻¹)	弹性模量/GPa	氧化开始温度/(T·K⁻¹)
TiC	3430	4.9	3200	7.4	20	316	1373
TiN	3220	5.4	2450	9.3	29	251	1473
WC	2870	15.6	2080	5.2（a轴） 7.3（c轴）	29	713	773
Ti（C，N）	—	4.9~5.4	1400~1800	9.0	10	450	1373~1473

图2.2所示为各合金成分在Ti（C，N）基金属陶瓷中所起的作用。

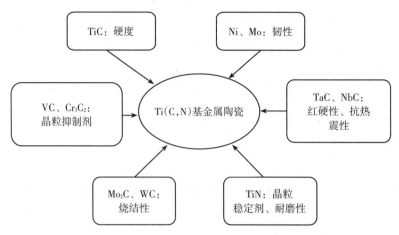

图2.2 Ti（C，N）基金属陶瓷中合金成分的作用

2.2.1 非金属元素的作用

（1）碳元素的作用。

一定成分的 Ti（C，N）基金属陶瓷内存在一个平衡的碳含量。当碳含量处于平衡状态时，其组织结构中只有碳化物和碳氮化物+黏结相；当碳量过高时，会出现游离态的石墨；当碳量过低时，会出现η相（Ni₃Ti）。这些都对金属陶瓷的性能不利。C的添加量取决于原粉中氧含量和钼的加入量：要确保Mo_2C和脱氧所需碳量，使烧结后的组织处于黏结相和硬质相两相区内；以及保证材料中的碳化物有合适的碳含量，以获得较高的强度和韧性。

文献［36］对成分为40Ni-15WC-10TiN-13Mo-TiC（余量）的Ti（C，N）基金属陶瓷的研究结果显示，添加C量对抗弯强度和硬度呈现双峰值的影响规律：该成分的金属陶瓷中最佳添加C量在1%左右，此时硬度和强度会达到最高值；当C质量分数为1.6%左右时，致密度最低，此时性能也达到低谷；当C质量分数为2.5%时，硬度和强度会达到第二个峰值，随后会略有下降。碳量的多少还影响着黏结相和硬质相的多少及硬质相边界环形相的厚薄与成分。

有文献认为，碳量增加，环形相变薄，黏结相的体积减小，这是因为Ti，Mo等在Ni中溶解度下降[31]。

（2）氮元素的作用。

N的含量对Ti（C，N）基金属陶瓷的物理、力学性能和组织结构都会产生较大的影响[34]。包括：烧结体的密度、硬度、抗弯强度、韧性；包覆相的形成、厚薄；细化硬质相晶粒；其他元素在硬质相、黏结相和包覆相中的分布等。随着氮含量的增加，包覆相的厚度变小[37]，并使晶粒细化[38]。其主要原因如下：第一，TiN的加入使液相线温度提高，抑制了Ti、Mo等元素向Ni中的扩散。第二，使包覆相变薄，使芯部的

Ti（C，N）晶粒基本不能靠近，从而抑制其涨大。第三，此类材料中的化合物氮化物，在900 ℃以上生成的自由能为正值。所以，氮的存在阻碍了Mo向Ti（C，N）的扩散及Ti、N通过Ni的扩散，从而抑制了包覆相的生长，细化晶粒。但当TiN的质量分数大于15%时，会有游离的TiN存在，使晶粒度有所增加[39]。在高Ni的Ti（C，N）基金属陶瓷中，TiN质量分数为0.12%左右最佳，因加入量过大，在真空烧结过程中发生脱氮现象，使金属陶瓷致密度降低，从而降低强度和硬度，即想依靠大量加入TiN来提高最终烧结体中的氮含量是很困难的，且TiN的加入量过多会急剧降低黏结相和硬质相之间的润湿性，使包覆层出现不完整，游离TiN含量的增加，降低了材料的综合机械性能。可见，最佳含氮量与合金的成分及制造工艺有密切的关系[40-41]。

真空烧结时，当氮含量较低时，随着氮含量的增加，烧结体的密度几乎不随氮含量的变化而发生变化；当氮含量较高时，其密度随氮含量的增加而减小。

（3）关于氮/碳比的问题。

含氮金属陶瓷中，碳、氮之比对形成的Ti（C，N）固溶体本身的特性有较大的影响。

文献［42］研究了碳、氮之比对Ti（C，N）稳定性的影响。文中指出，我们常用来解释固溶体中氮的稳定性的理想固溶体模型与实际情况相差甚远。但在不同碳氮比的固溶体的稳定性与温度的关系上，从总的变化趋势来看仍然与理想固溶体的热力学模型相吻合。并认为：在1200 ℃以上，Ti（C，N）中氮的稳定性比碳的稳定性更高；Ti（C，N）中碳和氮的稳定性与碳氮比有关；Ti（$C_{0.5}$，$N_{0.5}$）的稳定性最好。

文献［24］中提及，要使Ti（C，N）固溶体制备的合金性能好，必须使Ti（C_x，N_y）中的x与y之和接近或等于1。x与y之和小于1，表示缺碳和缺氮，使游离钛和镍生成Ni_3Ti相（脆性相）。碳、氮含量也影响硬质相和黏结相的成分与尺寸，从而影响合金性能。当N/C为2/8～3/7时，合金具有良好的性能。文献［43］认为，要使Ti（C，N）基金属陶瓷具有良好的性能，TiN/（TiC + TiN）的值应小于0.5。

文献［44］研究了N/（C + N）对Ti（C，N）-30%Mo_2C-13%Ni性能的影响。研究结果表明，当N/（C + N）在0.2～0.5范围内增加时，烧结体硬度增加，室温强度几乎没有什么变化，高温抗弯强度差别也很小。当N/（C+N）为0.297时，其具有最好的耐磨性和抗冲击韧性。

可见，进一步从实践和理论上研究Ti（C，N）的稳定性问题，对于更好地使用N来提高金属陶瓷的性能是很有意义的。

2.2.2　金属元素的作用

（1）钼元素的作用。

在 Ti（C，N）基金属陶瓷中，Mo 是一个很重要的元素，Mo 的原子半径为 1.39×10^{-10} m（Ni 的原子半径为 1.24×10^{-10} m）。Mo 的主要作用是：改善液态 Ni 对硬质颗粒的润湿性[45]，提高中心-包覆相界面的结合强度，增加塑性变形时位错移动的阻力[46]，增加金属陶瓷基体的致密度[47]，抑制烧结时碳化物晶粒的长大[48]，即细化硬质相晶粒，提高金属陶瓷的力学性能。

Mo 元素一般以 Mo 或 Mo_2C 的形式加入。有资料表明：在 TiC-Ni-Mo 系金属陶瓷中，只需加入 10%左右的 Mo 就能使液体金属与硬质相之间的润湿角降为 0°[49-50]。Mo 之所以能改善润湿性，与 TiC 中游离碳和氧的消除或固液界面的浓度梯度有关。

Mo 的加入量对包覆相的生成也有较大的影响。Mo 量增加，包覆相将变厚，因为包覆相的生成伴有 Mo 向硬质相颗粒的扩散[51]。所以，Mo 的加入量有一个最佳值的优选问题：既能使硬质颗粒被完全润湿，又不能使包覆相生长太厚，导致材料变脆。

一般认为，Mo 的存在使硬质相周围形成富 Mo 的包覆相（Ti，Mo）（C，N）或（Ti，Mo）C[52]，这种包覆层结构可抑制 Ti（C，N）颗粒的相互靠拢，避免碳化物颗粒过分长大，起到细化晶粒的作用[53]。尽管包覆相（Ti，Mo）（C，N）与 Ti（C，N）相之间晶体结构相同，点阵常数接近，并保持着很强的共格关系，晶格错配度极小，但它的脆性较大，与金属相之间的协调变形能力较差。因此，改进包覆相的脆性有可能进一步提高该金属陶瓷的强度[54]。不同 Mo 的含量对 Ti（C，N）基金属陶瓷的力学性能影响较大：Mo 含量低，包覆相形成不充分，组织易长大；而 Mo 含量高，包覆相过分发达，因包覆相的脆性而对金属陶瓷的性能产生不利影响[55]。

文献［56］对成分为 40Ni-15WC-10TiN-1C-TiC（余量）的 Ti（C，N）基金属陶瓷的研究结果显示：Mo 的最佳添加量（质量分数）为 13%；成分为 30Ni-15WC-10TiN-1C-TiC（余量）的金属陶瓷，Mo 的最佳添加量为 15%；成分为 TiC（余量）-10TiN（nm）-15WC-5Co-5Ni-1C 的金属陶瓷，Mo 的最佳添加量为 4%。

文献［57］研究了 Mo 含量对 $TiC0.5N0.5$-Mo_2C-Ni 机械性能的影响，指出 Mo_2C 的加入量为 10%时，其室温抗弯强度达到最大值。

文献［58］研究了 Mo 含量对 TiC-TiN-Ni-Mo-WC 金属陶瓷性能的影响，指出 Mo 的加入量为 16%时，其室温抗弯强度达到最大值。

（2）镍、钴、铬、铝等元素的作用。

Ni、Co、Cr、Al 等元素一般作为黏结相加入[59]，它们对金属陶瓷的组织和性能也有大的影响。

Ni、Co 的加入有助于提高金属陶瓷的塑性[60-61]，但 Ni 的含量过高，可能形成 Ni_3Mo 这一脆性相，影响合金强度。文献［62］的研究结果显示：Ti（C，N）基金属陶瓷的耐蚀性主要由黏结相的抗蚀性决定。黏结相含量愈低，抗蚀性就愈好，低黏结相含量的金属陶瓷具有较好的抗蚀性。随着Ni含量的提高，Ti（C，N）基金属陶瓷的耐腐蚀性降低，当Ni的质量分数超过10%以后，耐腐蚀性急剧降低。

Co在常温下的晶体是密排六方结构，高于400 ℃（673 K）时转变为面心立方结构，熔点为1495 ℃（1768 K）。由于Co具有比镍更高的韧性，能更好地润湿硬质相，减少合金的孔隙度，所以用Co部分或全部取代Ni作为黏结相，可使Ti(C，N) 基金属陶瓷具有更好的综合机械性能。但Co的加入，使金属陶瓷刀具的切削速度和加工粗糙度下降。一般来讲，Ni与(Ni＋Co) 的质量比应控制在0.3～0.8范围内。

在黏结剂中添加Cr取代Co，可提高润湿性、韧性、高温强度和抗氧化能力；但Cr添加量太少时显示不出效果，而太多的Cr又会导致碳化铬的过度析出，以致降低韧性；适当的Cr含量为Ni与(Ni＋Cr) 的质量比为0.6～0.98[63]。

添加Al或AlN能提高含氮金属陶瓷的硬度，特别是Al或AlN含量较高的情况下，会使材料的强度和硬度同时提高，原因是其在黏结相中形成了有序相$\gamma'(Ni_3(Al,Ti))$，使黏结相得到强化。Co在含Al的金属陶瓷中能增加$Ni_3(Al,Ti)$的稳定性和析出数量[22, 64]。

2.2.3 碳化物的作用

Ti（C，N）基金属陶瓷中用作添加物的碳化物有WC、TaC、NbC、VC、HfC、ZrC、Cr_3C_2、SiC晶须等。添加碳化物的目的是：强化、韧化硬质相边界的包覆相和黏结相；部分替代Ti（C，N）颗粒，改进硬质颗粒的特性；在烧结过程中阻止晶粒的涨大，细化晶粒等。比如，加入WC能提高金属陶瓷的致密度和断裂韧性，加入TaC、NbC能提高金属陶瓷的红硬性和耐高温冲击性，加入HfC能提高金属陶瓷的高温强度和耐蚀性[65]。

（1）碳化钨的作用。

在含氮金属陶瓷中，WC是Ti（C，N）基金属陶瓷配方中不可或缺的组成成分，在金属陶瓷中W元素有着与Mo元素几乎相同的作用，WC作用的具体表现如下。

① 促进包覆相的形成，并在包覆相中富集。WC的弹性模量比TiC和Ti（C，N）都高，在一定压力下可进行一定程度的塑性变形，随着 WC的加入，其部分取代Ti（C，N）颗粒，可提高Ti（C，N）基金属陶瓷的强韧性。当WC的添加量超过一定限度时，基体中会出现非平衡WC相，含有非平衡WC相的高氮金属陶瓷，随着WC量的增加，其热传导率增大，热膨胀系数相对减小，明显地提高了金属陶瓷的抗热震能力。有资料报道，添加WC有助于克服普通含氮金属陶瓷刀具刃口易于变形的缺点[66]。

② 改善黏结相对TiC的润湿性，提高Ti(C，N)基金属陶瓷的致密性和疲劳韧性[67]。文献［9］对Ti（C，N）-xWC-20Ni系金属陶瓷的研究结果显示：当WC的添加量达到40%时，Ti(C，N）基金属陶瓷微粒显示了典型的中心层-包覆层结构，中心部分是

Ti（C，N）颗粒，其外是内、外包覆相和黏结相，内包覆相中W的含量比外包覆相中W的含量高；随着WC的添加量增加，内包覆相厚度增加，外包覆相厚度相对减少，黏结相中的Ti含量趋于减少；当WC的添加量达到50%时，黏结相中的Ti含量达到最低，W的含量已经达到饱和，其显微结构中已很难观察到外包覆相结构；当WC的添加量达到60%时，其显微结构中，已可观察到未溶的WC相。包覆相的W含量对Ti（C，N）基金属陶瓷的力学性能有着重要影响：当内包覆相W的含量高时，Ti（C，N）基金属陶瓷的硬度很高，韧性也不会相对下降。文献［67］也有类似的看法。

文献［61］认为，WC可作为TaC、NbC与TiC间的黏结成分；对于Ti（CN）-xWC-20Ni系金属陶瓷刀具来讲，当WC的质量分数是15%时，车削刀具的寿命最长；当WC的质量分数是20%时，磨削刀具的寿命最长。

文献［55，68］研究成分为20%Ni-10%TiN-TiC（余量）的Ti（C，N）基金属陶瓷后认为：随着WC含量的增加，抗弯强度呈单调增加的趋势；而WC的加入量（质量分数）在小于10%时，硬度和断裂韧性呈单调增加，超过10%后，硬度和断裂韧性开始降低。由于WC的弹性模量比TiC高得多，其强度与弹性模量的平方根成正比，所以，随着WC加入量的增加，抗弯强度增加。WC的加入量为20%时，已不能与TiC形成固溶体，部分WC以多角状存在于组织中，由于WC的硬度为HV 2000～2400，低于TiC的HV 3000～3200，故加入量超过10%后，硬度开始降低。WC以多角状存在于组织中，易引起应力集中，断裂韧性在WC的加入量超过10%后开始降低。

从以上内容可以看出，WC对金属陶瓷性能影响的本质还有待继续研究。

（2）碳化钽、碳化铌的作用。

TaC、NbC的作用与WC比较相似，向金属陶瓷中加入一定量高熔点的TaC、NbC，将与TiC形成（Nb、Ta、Ti）C固溶体，可提高金属陶瓷的塑性、韧性，抑制晶粒长大[2]。

文献［55］对20%Ni-10%TiN-TiC（余量）系的Ti（C，N）基金属陶瓷的研究结果认为：由于Ni对陶瓷相TaC、NbC、（Nb，Ta）C的润湿性差，当TaC、NbC、（Nb，Ta）C加入量增加时，基体中孔隙量增加，材料的致密度降低，因此材料的韧性降低；添加少量的TaC、NbC、（Nb，Ta）C时，对金属陶瓷的硬度影响不大，对改善金属陶瓷刀具的热震性有利，却使抗弯强度降低。

文献［65］报道，加入TaC可提高金属陶瓷的红硬性和热冲击性。Ta、Nb也主要富集在包覆相中，使金属陶瓷性能得到强化。

（3）Cr_3C_2、VC、HfC、ZrC及SiC晶须的作用。

文献［69］对低Mo_2C（质量分数0.8%）、低Cr_3C_2（1.2%）含量的Ti（$C_{0.7}$，$N_{0.3}$）-（Ni-Co）-Mo_2C-Cr_3C_2系金属陶瓷研究结果显示：Cr元素在黏结相中含量最高，在硬质相

中含量最低，从黏结相到Ti（C，N）晶粒其含量逐渐减少，Cr_3C_2主要溶解在黏结相中，一些未被完全溶解的Cr_3C_2微颗粒分散在黏结相内部和相界面上，对裂纹的扩展起到抑制作用。随着Cr_3C_2含量的增加，金属陶瓷的抗弯强度呈上升趋势，断裂韧性呈下降趋势，而维氏硬度则呈先升后降的趋势。

文献［54］认为：Cr_3C_2的加入能改善包覆相的塑性，从而增强其与金属相之间的协调变形能力，增强材料的界面结合力。尽管其细化晶粒的效果不如VC，由于包覆相塑性的改善，仍然能使Ti（C，N）基金属陶瓷材料的抗弯强度得到较大提高。

VC的熔点较高，在金属陶瓷中不易熔化，其主要作用是细化晶粒。Ti（C，N）基金属陶瓷刀具中常加入VC以改进刀具的性能，添加一定量的VC对抑制刀尖变形有明显的效果。当VC含量较大且超过TiN含量时，其抗变形能力增加，刀具的寿命延长。但由于黏结相对VC的润湿性较差，过多加入VC会降低材料的强度[22]。

文献［61］研究认为：适当控制VC含量，可提高Ti（C，N）基金属陶瓷的疲劳强度。

文献［14］研究认为：VC可提高金属陶瓷的抗剪切强度和耐磨性，改善材料的力学性能。

HfC的加入能提高金属陶瓷高温强度和耐蚀性，并能提高刀具的寿命；与加入WC和TaC相反，HfC能使中心相尺寸减小而使包覆相尺寸增大[61, 65]。

ZrC在烧结相中微量固溶，可抑制Ni原子的扩散，使黏结相不易发生塑性变形，提高金属陶瓷的高温性能[14]。ZrC的加入可提高Ti（C，N）基金属陶瓷车削刀具的使用寿命[61]。

SiC晶须可提高金属陶瓷的抗弯强度和断裂韧性。文献［70］通过对成分为22TiC-10TiN-15WC-13Mo-40Ni的Ti（C，N）基金属陶瓷的研究认为：向金属陶瓷中加入10%体积的SiC晶须，可使抗弯强度增加180 MPa，断裂韧性增加3.8 MPa，增强、增韧效果显著。但当SiC晶须加入量超过10%体积时，金属相对SiC晶须的润湿性差，使金属陶瓷的致密度下降，导致抗弯强度和断裂韧性降低。

2.2.4 稀土元素的作用

稀土元素与氧的结合力强，不易添加到金属陶瓷中，一般将稀土元素以中间合金的形式加入Ni中，再制备成含稀土的Ni粉，作为黏结剂粉末使用，添加效果较好。稀土元素易与烧结体中的气体杂质反应生成难熔的化合物，这种化合物分布在Ti（C，N）/Ni相界面上。其作用为：第一，净化相界面，使相界面的结合强度增加，同时改善黏结相对碳化物的润湿性；第二，减少金属陶瓷中的孔隙度，提高金属陶瓷的致密度。所以，在Ti（C，N）基金属陶瓷中添加稀土元素，有利于金属陶瓷强韧性的提高[71-72]。

（1）钇的作用。

稀土元素 Y 可吸附在 Ti（C，N）基金属陶瓷黏结相与硬质相的界面处，游离态的 Y 以颗粒的形式存在于金属陶瓷中。添加适量的 Y，它会与粉末原料中所含的 O、S 等杂质元素起反应：与 S 反应，生成 S 与其他元素（Ti、Mo、W、Ni）的复合化合物，净化陶瓷相-陶瓷相界面、陶瓷相-金属相界面，提高界面结合强度，使裂纹沿界面扩展时的阻力增大，因而提高抗弯强度；当 Y 的加入量过多时，与 S 反应后剩余的 Y 还会与 Ni 反应生成金属化合物，因生成物的脆性而降低金属陶瓷的抗弯强度。

文献［63］研究了添加稀土元素对 Ti（C，N）基金属陶瓷性能的影响：在成分为 40Ni-1C-13Mo-10TiN-15WC-TiC（余量）的金属陶瓷中直接加入稀土元素，当 Y 的加入量（质量分数）为 0.25% 时，能够提高抗弯强度 8% 左右。

Y_2O_3 不能改善 Ti（C，N）基金属陶瓷的抗弯强度。原因是：与 Y 相比，Y_2O_3 与 S 等杂质元素不易发生反应，难以生成化合物，对陶瓷相-陶瓷相界面、陶瓷相-金属相界面的净化作用较小[72]。

（2）铒的作用。

文献［64］通过对 TiC-10TiN-15WC-16Mo2C-20Ni 的研究认为：Ti（C，N）基金属陶瓷加入 Er，能与原粉中混入的杂质元素 O 和 S 等反应，生成 Er_2O_3 或 $Er_2(O，S)_3$，若 Er 加入量过多，一方面，界面上以原子形式聚集的 Er 数量增加，有可能削弱界面之间的结合强度；另一方面，在烧结过程中，与 O、S 等杂质元素反应后富余的 Er 会与 Ni 反应生成脆性的金属间化合物，这会对材料的力学性能有害。

文献［73］研究了添加稀土元素对 Ti（C，N）基金属陶瓷性能的影响：在成分为 40Ni-1C-13Mo-10TiN-15WC-TiC（余量）的金属陶瓷中直接加入稀土元素，当 Er 加入的质量分数为 0.5% 时，能够提高抗弯强度 8% 左右；当 Er 加入的质量分数超过 0.6% 时，金属陶瓷的抗弯强度和断裂韧性由高点开始降低。

稀土的具体加入方式、如何防止在加入时氧化、如何使其均匀分布在界面上，文献均没有深入论述。要更好、更稳定地发挥稀土元素的特性和作用，以上问题均需要进一步深入探讨。

2.3 Ti（C，N）金属陶瓷的微观结构设计

Ti（C，N）基金属陶瓷是以 Ti（C，N）为主要硬质相组分，添加 WC、TaC、NbC 等难熔金属的碳化物或氮化物，以 Ni-Mo 为主要黏结剂，有时用钴部分或全部取代镍的一种复合材料。

一般认为，Ti（C，N）基金属陶瓷各组成成分的质量分数为：·Ti（C，N）为 0.30～

0.60%，Ni、Co 为 0.20%～0.40%，WC 为 0.10%～0.30%，其他碳化物为 0.08%～0.20%，并有适量的添加剂。

Ti（C，N）基金属陶瓷的基本化学成分为 TiC–TiN–WC–Ni–Mo，其中：TiC 和 TiN 为硬质相，Ni 为黏结相。TiC 与 TiN 均为 NaCl 晶型的面心立方结构[74]，Ti 原子占据面心立方的角顶，C（或 N）原子占据面心立方的（1/2，0，0）位置。图 2.3 所示为 TiC（或 TiN）的晶格结构示意图，图中 C 或 N 位于 Ti 的晶格间隙中，以休姆-罗瑟里定则（Hume-Rothery rule）形成 Ti（C，N）连续固溶体[75]，这是 Ti（C，N）基金属陶瓷具有高强度的重要因素之一。

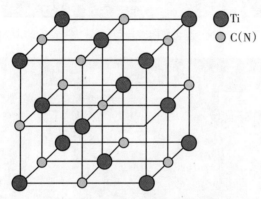

图 2.3 TiC 或 TiN 的晶格结构示意图

按照 Hume-Rothery 定则，半径较小的 C、N 负离子占据面心立方的晶格点阵，Ti 离子位于八面体的空隙内，这种晶格结构使得 TiN 可以和 TiC 形成连续固溶体，也可与 TaC、NbC 等多种副族金属的碳化物形成固溶体[76]。其中的氮元素以 TiN、Ti（C，N）或（TiC–TiN）固溶体等形式加入[77]，形成具有 NaCl 型晶体结构的连续固溶体 Ti（C，N）[78]。所以，Ti（C，N）基金属陶瓷最终的基本相组成主要是 Ti（C，N）硬质相及包覆在其外的金属黏结相。在硬质相与黏结相之间还存在着结构与硬质相极其接近，但成分存在差异，且有一定成分剃度的环形相（surrounding structure），即 SS 相或称为包覆相、Rim 相[79-80]。

Ti（C，N）基金属陶瓷显微组织具有典型的"芯-壳"结构，如图 2.4、图 2.5 所示，图 2.6 所示是 Ti（C，N）基金属陶瓷包覆相显微结构示意图。由图 2.4 可见，Ti（C，N）金属陶瓷典型界面结构为"芯-壳"结构（core-rim），构成"芯-壳"结构的基本相包括：硬质相（hard phase 或 core）、环形相（surrounding structure 或 rim）及黏结相（binder）。由图可见，通过"壳"（环形相）将"芯"（硬质相）和黏结相连接在一起，"壳"（环形相）在组织结构上起到过渡作用。对于作为多相复合材料的 Ti（C，N）基金属陶瓷而言，界面强度是决定其使用性能的主要因素，所以，环形相的界面结构与界面强度对于材料的整体性能有着极其重要的影响。

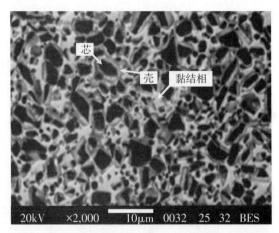

图2.4 Ti（C，N）基金属陶瓷典型"芯-壳"结构的SEM形貌

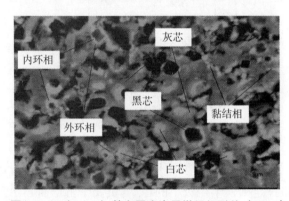

图2.5 Ti（C，N）基金属陶瓷显微组织形貌（TEM）

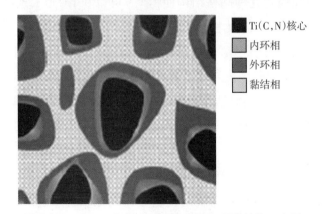

图2.6 Ti（C，N）基金属陶瓷包覆相显微结构示意图

　　研究结果表明，Ti（C，N）基金属陶瓷典型的"芯-壳"结构由Ostwald"溶解-析出"机制形成。Ti（C，N）基金属陶瓷的Mo含量对Ti（C，N）基金属陶瓷"芯-壳"结构的完整程度至关重要，不同组分下的Mo含量存在优选值，Mo含量过少或过多都对性能不利。富Mo的包覆相为（Ti，Mo）（C，N）或（Ti，Mo）C，Mo固溶于Ni中，因固溶强化作用，降低了Ti在Ni中的固溶度，稳定了碳氮化合物，在烧结时能够抑制Ti（C，N）

颗粒的过分长大，从而细化晶粒。另外，Mo 可显著改善 Ni 对 TiC 的润湿性，使黏结相与硬质相之间的润湿角趋于零，增加了基体与硬质相间的变形协调能力，从而提高了"芯-壳"结构的结合强度，改善了韧性。

2.4 Ti（C，N）金属陶瓷的性能指标

2.4.1 硬度

硬度表示材料局部抵抗更硬物压入其表面的能力，材料的硬度与材料的耐磨性直接相关，硬度是衡量材料力学性能优劣的重要参数之一。在测试金属陶瓷复合材料硬度时压头压入的区域会发生压缩变形或断裂等破坏，所以，硬度也反映了材料抵抗破坏的能力，硬度的高低是材料综合力学性能的表征。由于 Ti（C，N）基金属陶瓷复合材料硬度较高，一般采用维氏显微硬度（HV）和洛氏硬度（HRA）进行测试，其中维氏显微硬度较常用。维氏硬度试验采用两个对面夹角为 136° 的金刚石正四棱锥作压头，在载荷的作用下，压入陶瓷材料表面，保持一段时间后卸除载荷，在材料表面留下压痕，通过测量压痕对角线长度、计算压痕表面积，求出压痕内表面单位面积上所承受的载荷，即为维氏硬度（HV）。维氏硬度试验原理如图 2.7 所示，计算公式为式（2-1）：

$$H_{HV} = 0.001 \times \frac{2F \sin\frac{136}{2}}{d^2} = 0.001854 \frac{F}{d^2} \qquad (2-1)$$

式中，H_{HV}——维氏硬度，GPa；

F——试验力，N；

d——两压痕对角线 d_1 和 d_2 的算术平均值，mm。

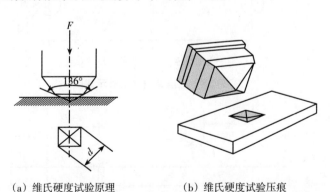

（a）维氏硬度试验原理　　　　（b）维氏硬度试验压痕

图 2.7　维氏硬度试验原理示意图

在维氏硬度试验中的试验载荷力可根据试样的大小、厚薄及压痕状态来确定，金属陶瓷材料的试验载荷力一般选用 4.903～196.1 N。对于粗晶材料或压痕仅能覆盖个别晶

粒的多相材料，可选用较大的试验载荷力。例如，使用 HV-1000 AK 显微硬度仪对 Ti（C，N）基金属陶瓷材料的显微硬度进行测试，试验加载力为 100 N。为了减少试验误差，每个试样至少测试 5 个点，再计算出硬度平均值。

2.4.2 抗弯强度

抗弯强度又叫弯曲强度，它反映试件在弯曲载荷作用下所能承受的最大弯拉应力，是金属陶瓷复合材料的一个重要的力学性能指标，具有重要的实际工程意义。一般零部件的强度设计是以材料的抗拉强度为依据的，但是，金属陶瓷作为本征脆性材料，其弯曲断裂主要为陶瓷硬质相的断裂，由于陶瓷硬质相可能存在共价键和离子键，陶瓷硬质相在发生弹性变形后将立即发生脆性断裂，没有塑性变形的阶段，仅出现断裂强度。所以，通常以抗弯强度为强度设计依据，采用弯曲试验测定其抗弯强度。因为脆性材料在进行拉伸试验时，试样在夹持部位容易发生断裂，加之夹具与试样轴心不一致所产生的附加弯矩的影响，在实际拉伸试验中难以测得准确的抗拉强度。一般把金属陶瓷试件做成标准矩形梁，加载方式有三点弯曲和四点弯曲两种。图 2.8 所示为三点弯曲法试验示意图，图 2.9 所示为四点弯曲法试验示意图。通常采用三点弯曲强度的样品尺寸，按照国家标准的下跨距、宽度、厚度分别为 30，4，3 mm。样品需要四面抛光和倒角，降低表面缺陷造成的影响。四点弯曲的上跨距一般为下跨距的三分之一。加载方式通常采用位移加载，加载速率为 0.5 mm/min；每组试样至少测定 5 次，并取平均值。

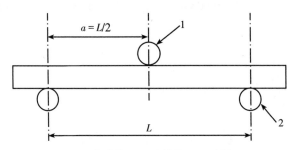

1—上加载棒；2—支撑棒；L—跨距

图2.8　三点弯曲法试验示意图

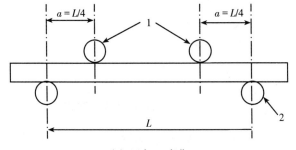

（a）四点1/4弯曲

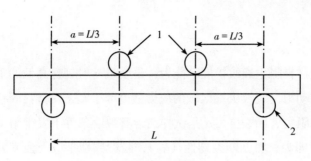

（b）四点1/3弯曲

1—上加载棒；2—支撑棒；L—跨距；$L-2a$—内跨距

图2.9 四点弯曲法试验示意图

三点弯曲强度计算公式如下：

$$\sigma_{\mathrm{f}} = \frac{3p \cdot L}{2b \cdot h^2} \tag{2-2}$$

式中，σ_{f}——三点弯曲强度，MPa；

p——试样断裂时的最大载荷，N；

L——试样支座间的距离，即夹具的下跨距，mm；

b——试样宽度，mm；

h——试样厚度，mm。

四点弯曲强度计算公式如下：

$$\sigma_{\mathrm{f}} = \frac{3Pa}{bh^2} \tag{2-3}$$

式中，σ_{f}——四点弯曲强度，MPa；

P——试样断裂时的最大载荷，N；

a——试样所受弯曲力臂的长度（mm），对于四点1/4弯曲，$a = L/4$，对于四点
1/3弯曲，$a = L/3$ ［如图2.9所示］；

b——试样宽度，mm；

h——试样厚度，mm。

用弯曲试验测定金属陶瓷材料的断裂强度时，可能导致测试误差的原因是：由于三点弯曲试验只能测得试样的一小部分局部应力，有效体积较小；而四点弯曲试样所承受的最大拉应力作用的区域较三点弯曲要大，有效体积大些。对于三点弯曲，有效体积为$V_3 = V_0/[2(m+1)^2]$；对于四点1/4弯曲，有效体积为$V_4 = V_0(m+2)/[4(m+1)^2]$，$V_0$为试件的整个体积，从而使四点弯曲试样由最危险裂纹导致断裂的概率相对较大，故三点弯曲强度常比四点弯曲强度稍高；基于同样原因，上跨距越大的弯曲试验将获得越低的弯曲强度测试结果。

2.4.3 断裂韧性

断裂韧性表征材料阻止裂纹扩展的能力，是度量材料韧性高低的重要指标。导致材料断裂的裂纹扩展动力是裂纹尖端区域的应力强度因子K_I，而材料固有的临界应力强度因子是裂纹扩展的阻力，断裂强度σ_f是试样在含有裂纹条件下发生断裂的临界应力，该临界应力强度因子即为材料的断裂韧性（K_{IC}），断裂韧性是应力强度因子使裂纹失稳扩展导致断裂的临界值，是衡量材料抵抗裂纹扩展能力的一个常数。在金属陶瓷材料设计中，提高材料的σ_f和K_{IC}值对于增强其抵抗断裂破坏的能力有十分重要的意义。金属陶瓷材料的断裂韧性测试方法较多，较常见的有单边切口梁法（single edge notehed beam，SENB）以及由这种方法发展而来的山形切口梁、斜切口梁、预裂纹梁方法等。由于单边切口梁法（SENB）的试样制备和试验过程较为简单且易于操作，该方法已被许多国家制定为标准试验方法。

本书采用单边切口梁法（SENB）来测试金属陶瓷的断裂韧性值。该方法与三点弯曲方法相似，但以单边切口取代了预制裂纹。单边切口梁法对试样的制作有明确要求：试样的切口宽度应一致且切口宽不大于0.2 mm。用来测定金属陶瓷的断裂韧性值的试样尺寸为3 mm×4 mm×20 mm，试验设备为MT-5104A型电子多功能实验机，压头速率为0.02 mm/min。图2-10所示为测定材料断裂韧性的试样形状和尺寸。

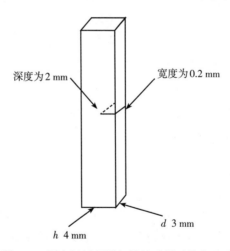

深度为2 mm   宽度为0.2 mm

d 3 mm

h 4 mm

图2.10 测定材料断裂韧性的试样形状和尺寸

采用单边切口梁法测试样断裂韧性值时，计算公式如式（2-4）和式（2-5）所示：

$$K_{IC} = Y \times \frac{3FL}{2dh^2} \times \sqrt{a} \tag{2-4}$$

$$Y = 1.93 - 3.07\frac{a}{h} + 14.53\left(\frac{a}{h}\right)^2 - 25.11\left(\frac{a}{h}\right)^3 + 25.80\left(\frac{a}{h}\right)^4 \tag{2-5}$$

式中，K_{IC}——断裂韧性，MPa·m$^{1/2}$；

Y——形状因子；

F——最大加载力，N；

L——跨距，m；

d——试样宽度，m；

h——试样高度，m；

目前，对于 Ti（C，N）基金属陶瓷常用帕姆奎斯特韧性试验测试材料的韧性，利用帕姆奎斯特韧性试验可以得出材料的韧性与裂纹总长、加载载荷及合金硬度的关系（Shetty 关系），如式（2-6）所示：

$$K_{IC} = C\sqrt{H}\sqrt{\frac{P}{\sum L}} \tag{2-6}$$

式中，H——硬度，$N \cdot mm^{-2}$；

P——载荷，N；

L——裂纹长度，mm；

K_{IC}——断裂韧性，$MN \cdot m^{-3/2}$ 或 $MPa \cdot m^{1/2}$。

C——常数，对于金属陶瓷材料，C 的取值为 0.0028。

对于维氏硬度 HV30，硬度值单位为 MPa，K_{IC} 的单位为 $MN \cdot m^{-3/2}$ 或 $MPa \cdot m^{1/2}$ 时，式（2-6）可以简化为式（2-7）：

$$K_{IC} = 0.15\sqrt{\frac{HV30}{L}} \tag{2-7}$$

为使试验结果的重复再现性高，所有试验试样均应经过 70 μm 的金刚石砂轮精磨，然后依次用 25，5，1 μm 的金刚石抛光剂抛光。维氏硬度压痕和裂纹形貌及维氏硬度测试的压痕裂纹长度测量方法，如图 2.11 所示。

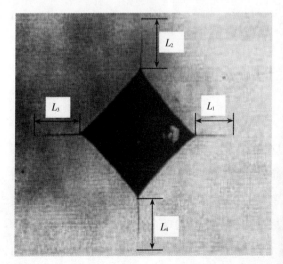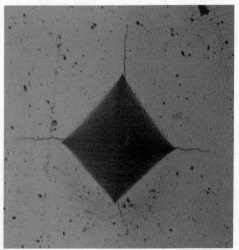

图 2.11 压痕裂纹长度测量方法示意图

裂纹并不总是在压痕的尖角处产生，且并不总是直线状，但裂纹长度测量还是从压痕尖角处到裂纹末端的直线距离，裂纹总长为四个尖角处四条裂纹长度之和，如式（2-8）所示。硬度测试与裂纹长度测量时每个试样至少测5次，然后取平均值。

$$\sum L = L_1 + L_2 + L_3 + L_4 \qquad (2-8)$$

2.4.4 密度与致密度

采用阿基米德排水法测定金属陶瓷烧结体的密度。密度的计算公式，见式（2-9）。密度测试的操作步骤为：先将金属陶瓷烧结体外表面抛光，经超声清洗后烘干，用最小分度值为万分之一的分析天平先称量其干重m_1，然后将试样在蒸馏水中沸煮2 h，使蒸馏水完全浸透气孔，再称得试样在蒸馏水中的悬重m_2，最后用湿棉布将试样表面的水分轻轻擦拭后称量其湿重m_3。

$$\rho_1 = \frac{m_1 \times \rho_2}{m_3 - m_2} \qquad (2-9)$$

式中， ρ_1 ——试样实际密度，$g \cdot cm^{-3}$；

m_1 ——试样干重，g；

ρ_2 ——水的室温密度，$g \cdot cm^{-3}$；

m_2 ——试样悬重，g；

m_3 ——试样湿重，g。

利用测定的烧结体密度和理论密度，可以计算烧结体的致密度。致密度的计算公式，见式（2-10）。致密度是相对密度，反映了烧结体的空隙程度，数值越大表示空隙越少。

$$\gamma = \frac{\rho_1}{\rho_0} \times 100\% \qquad (2-10)$$

式中， ρ_0 ——理论密度，$g \cdot cm^{-3}$；

γ ——致密度，%。

2.4.5 蠕变

蠕变是指高温环境的固体材料在恒定应力作用下应变随时间延长而增加的现象。蠕变与塑性变形不同，塑性变形通常在应力超过弹性极限后才出现，而蠕变应力的作用时间较长，应力小于弹性极限时也会出现。金属陶瓷在常温下几乎没有蠕变行为，当温度高于其脆-延转换温度时，金属陶瓷材料表现出不同程度的蠕变行为。与蠕变相对应的是应力松弛，即维持材料变形不变的前提下，其应力会随着时间的延长而减小。通常，蠕变速率与作用应力的n次方成正比，n被称为蠕变速度的应力指数，通常金属陶瓷材料的组成结构不同，其蠕变指数也不相同。典型的金属陶瓷蠕变曲线可分为三个阶段：

（1）减速蠕变阶段。该阶段紧接着瞬时的弹性应变之后，其特点是应变速率随时间递减。

（2）稳态蠕变阶段。该阶段的特点是蠕变速率几乎保持不变，这是金属陶瓷蠕变的主要过程和重点研究对象。

（3）加速蠕变阶段。该阶段最终导致断裂，其特点是蠕变速率随时间的增加而增大，即蠕变曲线变陡，直至断裂。

随着应力、温度、环境条件的变化，蠕变曲线的形状将有所不同，金属陶瓷材料的三个阶段不明显，主要是前两个阶段的蠕变。

影响金属陶瓷高温蠕变的外界因素有应力和温度，本征因素有晶粒尺寸、气孔率、晶体结构、第二相物质、组成等。蠕变试验是在恒定负荷和温度下测量变形，根据受载方式不同分为抗弯蠕变、抗拉蠕变和抗压蠕变三种，对于金属陶瓷的抗蠕变性能而言，主要指抗弯蠕变和抗拉蠕变，相应的实验方法为：弯曲蠕变和拉伸蠕变。不同实验方法得出的蠕变数据之间无可比性。需要说明的是：蠕变试验对试样尺寸的要求与强度测试相同。

（1）弯曲蠕变。陶瓷的蠕变试验大多数采用弯曲蠕变，这是因为陶瓷材料的拉伸蠕变在试验操作上有很大的难度，包括样品制备、样品两端的夹持、变形的测量等。弯曲蠕变试验主要应用于高温环境，其试验装置与静态疲劳试验装置类似，通常采用耐高温性能较好的碳化硅夹具。使弯曲应力保持为常数而测出试样在高温下的挠度变形随时间的变化，变形由带有传感器的位移测量系统测量，该系统带有主、副引伸杆，主引伸杆测量受拉面中点位移，副引伸杆测量在试验过程中由高温及受力引起的整个系统的变形。通过副引伸杆的校正，可准确测得试样蠕变变形情况。通过变形情况，可得出试样内部应变变化。

（2）拉伸蠕变。拉伸蠕变试验是在温度和应力不变的条件下，利用与抗拉强度试验相似的装置，测出试样随时间而变化的变形。该方法的原理及应力分析较为简单，但试验实施比较困难。拉伸蠕变对于陶瓷材料应用得很少，但是对于一些可加工陶瓷材料和一些陶瓷基复合材料以及纤维编织复合材料，则可以采用拉伸蠕变。

2.5　Ti（C，N）基金属陶瓷的增韧机理

Ti（C，N）基陶瓷材料的增韧机理有：颗粒增韧、晶须增韧、相变增韧、延性相增韧、协同增韧等。其中，延性相增韧效果明显，是目前采用较多的增韧方法。

2.5.1 颗粒增韧

颗粒增韧机理是通过弥散第二相颗粒来阻碍位错的滑移和攀移，从而阻止裂纹扩展，以达到增韧的目的。颗粒增韧是增韧补强复相陶瓷的一种重要方法，也是各种复合材料增韧基础方法。颗粒增韧的实现机制有多种，主要有：残余应力场、微裂纹、裂纹偏转、裂纹弯曲、裂纹分岔、裂纹桥联、裂纹钉扎等，这些机制可归纳为以下四类：

（1）应力诱导微裂纹增韧。

（2）非平面断裂增韧。包括裂纹偏转和分岔两种形式。

（3）颗粒直接强化增韧。包括裂纹桥联、裂纹弯曲和裂纹钉扎。

（4）残余应力增韧。

由于颗粒种类、结晶形状和尺寸等的不同以及颗粒与基体之间的性能差异，不同种类颗粒弥散在不同基体中时，起主导作用的机制也不尽相同。对于延性相弥散增强基体（高弹性模量、高强度）的复合体系，通过第二相颗粒的加入，在外力作用下产生一定的塑性变形或沿晶界面滑移产生蠕变来缓解应力集中，达到增韧补强的效果。对于刚性颗粒弥散的复相陶瓷，主要利用第二相颗粒与基体晶粒之间弹性模量和膨胀系数上的差异，冷却过程中在粒子和基体周围形成残余应力场，这种应力场与扩散裂纹尖端应力交互作用，从而产生裂纹偏转、分岔、桥联和钉扎等效应，对基体起增韧作用。其中，后者较前者应用广泛。另外，有研究者还认为，弥散颗粒的增韧只来源于那些较大尺寸的弥散颗粒，当颗粒粒径与基体粒径相近时，残余应力场引起的裂纹偏转很小，起不到明显的增韧作用，而对于小于基体粒径的颗粒则无增韧效果。颗粒增强复相陶瓷具有工艺简单、颗粒尺寸和分布较易控制、性能稳定等特点，而且增韧不受温度影响，可作为一种高温增韧机制，因此在实际中得到广泛应用。颗粒增强复相陶瓷制备的关键问题是颗粒之间的分散问题，一般采用超声分散等方法，以及添加表面活性分散剂等来避免颗粒发生团聚，使粒子均匀分布于基体中。

2.5.2 晶须增韧

晶须增韧机理是金属陶瓷基体中含有一定长径比的晶须，晶须作为不连续弹性增韧相时，断裂过程中存在晶须拔出、桥联效应，使裂纹扩展所需的能量增加，从而提高了金属陶瓷的断裂韧性。金属陶瓷在外来应力作用下，基体首先开裂而晶须并不断裂，晶须在裂纹处形成连接裂纹两表面的桥梁，起到承载作用并限制裂纹继续扩展。另外，晶须在载荷的作用下从基体中拔出需消耗能量，利用晶须桥联与拔出效应可以改善基体的韧性。晶须增韧金属陶瓷复合材料既有颗粒增韧复合材料那样简单的制备工艺，又在一定程度上保留了晶须复合材料性能上的特点，近年来得到充分重视。

2.5.3 相变增韧

相变增韧是指在应力诱导相变而增韧，图2.12所示为应力诱导相变增韧机理示意图。

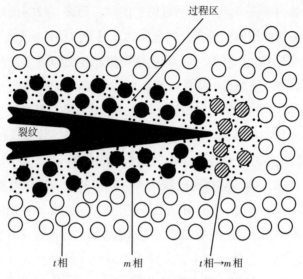

图2.12 应力诱导相变增韧机理示意图

由图2.12可见，当裂纹扩展进入含有应力诱导相变相（图中的t相）晶粒的区域时，裂纹尖端周围的组成相（t相）将在裂纹尖端应力场的作用下发生相变（t相→m相），形成一个相变过程区。在相变过程区内，一方面由于裂纹扩展而产生新的裂纹表面，需要吸收一部分能量；另一方面，相变引起的体积突变效应也将消耗一部分能量；同时相变的晶粒由于体积突变对裂纹产生压应力，从而阻碍裂纹扩展。由此可见，应力诱导相变消耗了外加应力，降低了裂纹尖端的应力强度因子，使得临界扩展的裂纹由能量消耗导致裂纹扩展的驱动力减弱而止裂，从而提高材料的断裂韧性。相变发生后，裂纹扩展的阻力进一步加大，若要使裂纹继续扩展，必须提高外加应力水平，实质上也是提高了金属陶瓷的承载能力。

2.5.4 延性相增韧

陶瓷基复合材料可以利用金属相的延性来实现增韧，金属相在陶瓷基体中的存在形态有：弥散颗粒、部分连续或连续的网状结构、金属纤维或金属相板片等。在Ti（C，N）基金属陶瓷中增韧金属相的形态对复合材料的力学性能有明显影响，其中，弥散颗粒增韧具有良好的各向同性、组织均匀性、抗氧化性和高温蠕变抗力，但是由于增韧颗粒的尺寸较小，裂纹扩展时只能发生较小的塑性变形，与其他几种金属相存在形态的增韧效果相比，对韧性的贡献较小。所以，Ti（C，N）基金属陶瓷的增韧主要是依靠连续的延性相实现增韧，作为延性相的金属有Co、Ni或Mo，金属陶瓷显微组织中的金属黏结相若以连续网状形式存在，则金属陶瓷表现出较好的韧性。

Ti（C，N）基金属陶瓷中金属相在金属陶瓷材料中的增韧机理有：裂纹桥接、裂纹偏转、裂纹屏障等。其中，裂纹桥接是主要的增韧机理。裂纹桥接增韧机理的主要内容是：裂纹在 Ti（C，N）基金属陶瓷材料中扩展时，随着裂纹的张开，陶瓷相受拉应力容易断裂，陶瓷相吸收的能量较少，而金属相通过发生塑性变形而吸收更多的能量，从而提高材料的断裂韧性。Ti（C，N）基金属陶瓷相界面的状态与行为对断裂韧性有明显影响：若相界面结合强度高，将具有较高的形变抗力和较低的塑性变形能力，对于断裂韧性的贡献较小；若相界面处于局部分离状态，将导致较低的形变抗力和较大的塑性变形能力，对韧性的贡献较大；若相界面结合太弱，将导致金属相和基体相全部脱离，金属相几乎不发生塑性变形，对材料的强度和韧性均不利。当金属相为颗粒时，在裂纹面上会发生金属颗粒从基体拔出的现象，金属相的塑韧性难以发挥、增韧效果有限；当金属相为网状、片状和纤维状时，不易发生金属相与基体脱离的现象，此时较弱的界面结合强度有利于相界面的局部变形，从而通过塑形变形提高断裂韧性。

Ti（C，N）基金属陶瓷的增韧主要是延性相增韧，其中包括塑性加工区变形机理和裂纹桥连机理，两个机理均涉及裂纹的萌生与裂纹尖端的能量耗散问题。图2.13所示为 Ti（C，N）基金属陶瓷的塑形加工区变形增韧、裂纹尖端的能量耗散增韧、裂纹偏转增韧机理的示意图，图2.14所示为 Ti（C，N）基金属陶瓷裂纹形貌。

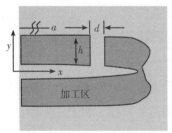

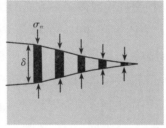

（a）塑形加工区变形增韧　　　（b）裂纹尖端的能量耗散增韧　　　（c）裂纹偏转增韧

图2.13　Ti（C，N）基金属陶瓷的增韧机理

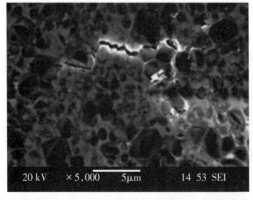

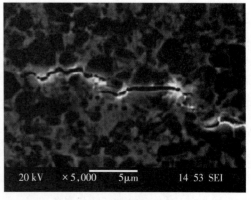

（a）裂纹沿晶扩展　　　　　　　　　　　（b）裂纹穿晶断裂

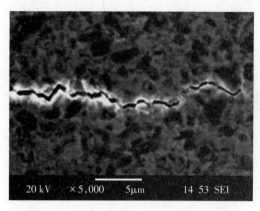
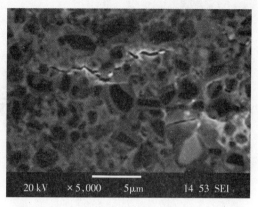

（c）裂纹晶界萌发形貌　　　　　　　　　　（d）裂纹晶内萌发形貌

图2.14　Ti（C，N）基金属陶瓷裂纹形貌

由图2.14可以看出：裂纹穿晶断裂现象较少，存在明显的裂纹偏转、分岔和加工区形成现象；在近裂纹尖端同样可以看到韧性相桥连和绕过细颗粒的现象。对该金属陶瓷的断口形貌分析表明，硬质相在金属陶瓷断裂时大多发生沿晶剥离现象；但粗颗粒在断裂时则发生明显的穿晶断裂，存在比较完整的晶面和河流状条纹。当裂纹穿过细小的晶粒区域时，裂纹沿晶扩展。这样，一方面导致裂纹偏转增韧，另一方面导致裂纹主要在延性黏结相中扩展，消耗的塑性变形功增大而增韧。原因是Ti（C，N）等晶粒较细小，晶粒中出现缺陷的概率小，颗粒的强度提高，导致穿晶断裂减少，沿晶断裂增多。当裂纹连续穿过较粗的硬质颗粒时，裂纹不发生明显的偏转。原因是Ti（C，N）颗粒中可能存在较多的滑移系，当裂纹从一个颗粒扩展到另一个颗粒时很容易形成有利的取向。目前关于金属陶瓷的增韧机理仍不统一，有待继续深入研究完善。

2.5.5　协同增韧

协同增韧机理是通过多种强韧化机制之间的交互作用、相互协调，起到协同效应来设计高性能复相金属陶瓷，是近年来备受重视的金属陶瓷增韧前沿课题之一。研究结果表明，金属陶瓷的多种增韧机理之间可以相互协同而起到较理想的增韧效果，而非几种增韧机制的简单叠加，因而优于单一增韧机制的作用效果。近年来，研究者对不同增韧机制之间的协同作用提出了一些新见解，并在强韧化理论和材料研制上做了大量的探索工作和可行性分析。

目前，在协同增韧中研究较多的是相变增韧与晶须补强协同、相变增韧与颗粒弥散协同、晶须补强与颗粒弥散协同、颗粒与颗粒弥散协同等，更多新的协同增韧机制有待继续深入研究。

3 Ti（C，N）基金属陶瓷的制备方法

3.1 Ti（C，N）基金属陶瓷粉末的制备方法

前文综述了 Ti（C，N）基金属陶瓷的组织特征，添加适量第二类碳化物可改善金属陶瓷的组织及性能，过量添加则会导致脆性，显著降低材料的综合力学性能。受 WC-Co 硬质合金两相结构的启发，研究者将 Ti（C，N）基金属陶瓷中的硬质相通过预固溶处理制备出多元碳氮化钛固溶体，是金属陶瓷发展中的又一个显著特点和当前研究的热点。

采用预固溶处理技术，将各种碳化物或氮化物原料，预先制备成多元单相固溶体粉末，再将固溶体与 Ni 或 Co 等黏结相混合压制和烧结，获得类似于 WC-Co 硬质合金的两相结构，可以显著降低多元多相体系在烧结过程中引起的界面应力和陶瓷晶粒内部较大的成分梯度对性能造成的不利影响，进一步减少芯/环界面数量，从而更大程度地提高金属陶瓷强韧性。因此，获得成分均匀的多元固溶体陶瓷粉末，是制备高性能金属陶瓷材料的基础。

近年来，国内外制备固溶体基陶瓷粉末的方法主要集中在自蔓延高温合成（SHS）、机械合金化（MA）、机械诱发自蔓延反应（MSR）、化学合成法以及碳热还原法等。

3.1.1 自蔓延高温合成

自蔓延高温合成（self-propagating high-temperature synthesis，SHS），又称为燃烧合成（combustion synthesis）技术，是一种利用反应物之间高的化学反应热引起的自加热和自传导效应来合成材料的技术。其特点是：当反应物一旦被引燃，便会迅速向尚未反应的区域传播，直至反应结束。它是制备无机化合物和高温材料的一种新方法。

20 世纪 60 年代末，研究人员在许多金属及非金属难熔化合物体系中均发现了这种燃烧合成现象[66]。发生燃烧合成的基本要素有如下几个：① 利用反应自身放热，部分或完全不需要外部热源；② 通过快速燃烧波的自维持反应得到所需产物；通过改变热

量的释放和传输来控制反应进度及产物特性。采用SHS法制备粉末材料具有很好的前景，其最显著的特点是设备简单、能耗低、工艺过程快、反应温度高。

SHS法还可以用于块体材料的制备。1975年，苏联开始研究SHS制品致密化问题，并且在4年后该问题已得到解决，SHS制品开始在苏联投入工业生产，在1979年成功生产出$MoSi_2$加热元件等。1987年，苏联建立的SHS研究中心已实现批量生产陶瓷粉末、耐火材料、形状记忆合金、$LiNbO_3$单晶和加热元件、硬质合金等。

文献［67］、［68］分别采用SHS技术制备出TiC/TiB_2和$TiC-WC$复合材料。文献［69］采用SHS工艺制备了Ti（C，N）粉末，系统研究了工艺参数对产物的影响。结果表明：钛粉粒度对SHS过程有很大影响，炭黑种类对反应产物状态也有明显影响。当钛粉粒度大于40目时，反应几乎不能进行；随着钛粉细化，与炭黑接触面的增加及粉末活性增大，反应速度加快，但是随着钛粉粒度的减小，其氧含量提高，最终反应产物的氧含量也比较高。炭黑的加入量增加，产物的碳含量也增加，氮含量则相应减少；氮气压力增大，产物中氮含量相应提高。通过SHS法获得的产物经球磨8 h后得到Ti（C，N）粉末的平均粒度为0.8 μm。Fredetic等使用Ti粉、W粉和石墨为原料制备压坯，压坯在氩气的保护下于SHS反应器中进行自蔓延合成，制备出陶瓷复合材料。文献［70］用TiC、ZrC和TiN为原料，通过SHS法直接制备了纳米Ti（C，N）。

3.1.2 机械合金化

机械合金化（mechanical alloying，MA）技术是20世纪70年代由Benjamin等人首先发明的一种用于制备合金粉末的新技术。主要作用机制是：金属或合金粉末在高能球磨过程中，通过粉末颗粒与磨球或罐壁之间长时间激烈的冲击碰撞使粉末反复发生冷焊、断裂，通过粉末颗粒中原子扩散获得合金化粉末。在此基础上，研究人员发现采用高能球磨可以获取纳米晶粉体材料，在Ti-S、Ti-B、Ni-Si、W-C、Fe-B、V-C、Si-C和Ni-Al等体系中得到了纳米晶金属间化合物。目前许多国家都在机械合金化领域开展大量的基础理论及实用化研究。采用机械合金化法制备多元固溶体，实际上是原料通过高能球磨获得初始反应能量条件并引发后续反应的过程，该工艺须合理控制反应原料的比例，以避免杂质的产生。

机械合金化是一种简单经济制备新材料的方法，但它也是一个复杂的过程，因此要获得理想的物相和微观结构，就需要优化一系列的影响参数，如球磨装置、球磨速度、球磨时间、球磨介质、球料比、填充率、环境气氛、过程控制剂和球磨温度等。熊惟皓等[71]采用机械合金化法，以Ti、TiN、Mo、石墨和Ni为原料，制备出纳米Ti（C，N）-Mo_2C-Ni粉末。研究结果表明，在机械合金化过程中Ni和Mo的引入会加速C的扩散，从而加速Ti（C，N）的形成；球磨过程中Mo会和C发生反应生成Mo_2C，同时Ni/Ti之间也会发生反应生成 Ti_2Ni 金属间化合物。文献 [72] 采用 Mo 粉和 Si 粉作为原料，利用 MA 法制备了一系列的 Mo-Si 化合物，并探讨了其反应机理。

3.1.3 机械诱发自蔓延反应

机械诱发自蔓延反应属于机械力化学（mechanochemistry）分支。机械力化学是指利用机械能诱发化学反应或诱发材料的结构、组织和性能发生变化。通过不同的机械力作用方式（如研磨、摩擦、冲击、剪切和压缩等）诱发出相关的化学反应。机械力化学具有与常规化学反应不同的特点，具体如下 [34, 73]。

（1）在机械力作用下可以诱发一些利用热能无法发生的化学反应。

（2）有些物质的机械力化学反应与热化学反应机理不一致。

（3）机械力化学反应速度快。

（4）机械力化学平衡不同于热化学平衡。

机械合金化从广义上讲是机械化学的一个分支，但它们的侧重点又有所不同。机械化学侧重于通过机械力的作用诱发物理或化学变化产生；而机械合金化则侧重于在机械力作用下，粉末反复发生变形、断裂、焊合而实现元素之间发生扩散或置换，进一步发生合金化，但是并不一定要发生化学变化。

机械化学已被广泛应用于纳米晶及其复合材料、纳米粉末颗粒、金属间化合物、难溶金属化合物、弥散强化材料、无机非金属材料的制备及高分子材料的合成与改性中。实现机械化学过程的研磨装置可向反应物提供较高的能量，振动球磨机、搅拌球磨机和行星球磨机是较常见的该类装置。

目前采用机械化学法在常温下就可以制备出多种高熔点化合物，如 TiC、VC、TaC、NbC、TiB_2、SiC 和 ZrC 等多种碳化物和硼化物纳米晶粉末。研究人员 [72] 采用机械力诱发固相与气相之间的化学反应，制备出 TiN、A1N、ZrN 等多种金属氮化物纳米晶粉末。Atzmon 把这种经机械球磨诱发自蔓延反应称为机械诱发自蔓延反应（mechanically induced self-propagating reaction，MSR）。该方法具有成本低、工艺简单、制备的粉末细小均匀等优点。

KONIG T [73] 等采用金属 Ti 粉、Ni 粉和石墨粉通过机械球磨诱发自蔓延反应法一步合成了 TiC-Ni 粉末，球磨后的粉末达到纳米级，粉末经压制烧结后，黏结相含有 Ni-Ti 金属间化合物。此外，研究人员还采用该方法成功制备了其他成分的（Ti，M)C/(Ti，M)（C，N）固溶体。

MSR 法的缺点是所用原料一般为金属粉末，价格昂贵、易燃，并且反应速度太快，反应进度较难控制。

3.1.4 化学合成法

化学合成法（chemical reaction）是在固态交换反应的基础上提出来的，选用合适的反应前驱体，使体系发生放热反应，是一种简单有效的制备高纯度产物的方法。其基本原理为：利用反应过程中体系所放出的热量维持反应的持续进行，从而使反应原料快速转化为产物。这种方法主要应用于放热反应体系。该种方法具有一系列的优点：原料选择方面具有很高的自由度；为进一步提高转化率，反应可以在一定温度或压力下进行，起到促进反应产物晶化、提高产物纯度的作用。化学合成可用于制备碳化物、氮化物、硼化物、硅化物等。研究人员已通过 $TiCl_4$、CaC_2 与 NaN_3 之间的化学交换反应在450 ℃保温10小时成功合成了三元 TiCN 纳米晶体[74]。和其他几种方法相比，化学合成法可以精确地控制产物的碳氮比，这一特点得到了众多研究人员的青睐。但化学合成法所用的原料较昂贵，故很难在工业生产中推广。

3.1.5 碳热还原法

自蔓延高温合成、机械合金化等方法在制备多元固溶体陶瓷粉末方面得到了一定的应用，但由于前三种制备方法反应过程能量较高，反应速率较快，因此反应过程难以精确控制。而且组元间可能发生不可控制的反应，容易生成脆性金属间化合物相，导致产物的相组成与预期有较大差距，其应用有一定的限制。而化学合成法原料成本较高，这也对其应用造成一定阻碍。

目前工业生产中最常用的制备碳化物的方法是采用固体碳来还原金属氧化物粉末，在1200~2200 ℃的温度下获得难熔金属碳化物。工业上制备 WC，Tie，NbC 和 TaC 等都采用这种方法。该方法制备碳化物过程的总反应为：

$$MeO + 2C = MeC + CO \qquad (3-1)$$

一般而言，直接对混合粉末进行碳热还原处理所需温度较高。以制备 TiC 为例，其碳热还原反应方程为式（3-2）。

$$TiO_2 + 3C = TiC + 2CO \qquad (3-2)$$

$$\Delta G_T = 378.6 - 0.24T \ (J/mol)$$

从 ΔG_T 可以看出，该反应需要在很高的温度下才能进行。过高的还原温度容易导致最终产物长大粗化，这会对粉末性能产生严重影响。主要表现在如下两个方面：① 较大的粉末颗粒会阻碍其他碳化物的扩散，对生成均匀单相的固溶体有强烈的抑制作用，因此，早期采用这种方法生产的（Ti，M）C 固溶体粉末中，芯部常常会存在 TiC；② 粗大的粉末颗粒在用于制备烧结体时会恶化材料的最终力学性能。近年来机械球磨激活碳热还原法（carbothermal reduction reaction）引起了研究人员的兴趣。该方法采用氧化物和石墨为原料，首先通过高能机械球磨提供给反应物高能量，增加原料缺陷，使其在反应中具有较高活化能，降低反应温度，抑制产物的长大。同时球磨过后的粉末混合均匀，对于反应的进行也较为有利。碳热还原法是目前制备多元固溶体粉末最常用、最有效的方法。在采用碳热还原法制备多元固溶体方面，研究者们已经开展了一系列的实验并取得了一定的进展。

Monteverde F. 等人以不同的原料采用碳热还原-氮化反应制备出颗粒均匀且成分可控的 Ti（$C_x Ni_{1-x}$）固溶体。其研究结果表明，以纳米级 TiO_2 + 27%的石墨作为原料，在 N_2 气氛中经1500 ℃保温180 min 后，成功制备出了超细的成分接近 $TiC_{0.7}N_{0.3}$ 的固溶体；而采用纳米级 TiN + 10%的石墨作为原料时，在 Ar 气氛下经1430 ℃保温150 min 后制备了成分接近 $TiC_{0.5}N_{0.5}$ 的超细固溶体粉末。碳热还原-氮化反应的发明为低成本、批量制备高质量的 Ti（$C_x Ni_{1-x}$）固溶体粉末提供了新的方向，目前该方法已成功应用于工业化生产，是多元纳米级 Ti（$C_x Ni_{1-x}$）或（Ti，M）（C，N）固溶体的制备研究中的研究热点之一[75]。

文献［76］以纳米 TiO_2 和 C 为原料，先将粉末进行高能球磨处理，然后在较低温度下（1250 ℃）进行碳热还原-氮化处理，获得了直径为100 nm 左右的球形 Ti（C，N）粉末。其研究结果表明，N_2 含量会影响过程中的反应顺序，在 N_2 充足的时候，纳米 TiO_2 和 C 混合粉末经过碳热还原-氮化反应生成 Ti（C，N）的反应顺序可归纳为：锐钛矿 TiO_2—金红石 TiO_2—Ti_3O_5—Ti(N，O)—TiN—Ti(C，N)。为进一步降低反应温度，研究人员在 TiO_2 和 C 体系中加入金属 Ti 粉，结果表明，新体系经40 h 球磨后并未获得单相 Ti（C，N）固溶体，但可降低后续碳热还原温度约200 ℃。

文献［77］以微米级的 TiO_2、WO_3 和 C 为原料，采用机械球磨-碳热还原法制备出单相（$Ti_{1-x}W_x$）C 固溶体。通过研究发现，在1200～1300 ℃保温1 h，可获得单相的（$Ti_{1-x}W_x$)C 固溶体产物。随着目标成分固溶体中 W 含量的提高，所需的碳热还原温度也升高。通过 C/N/O 元素分析发现，随着固溶体中 W 含量的升高，固溶体中的 N 和 O 含量降低，这可能是由于 W-N 之间的亲和力较小。此外，随着固溶体中 W 含量的升高，C损失增加，固溶体中化合碳减少。

文献［78］至文献［83］以纳米 TiO_2、WO_3 和炭黑及微米级 MoO_3、V_2O_5 和 NiO 为原料，在较低转速下长时间球磨混料后，在真空碳管炉中发生碳热还原-氮化反应，生成了（Ti，W，Mo，V）（C，N）固溶体粉末和金属 Ni 粉末的混合产物。其研究结果表明，低能球磨条件下，同样可以制备出单相的固溶体粉末，且会降低磨球带来的污染；反应中会生成 $NiWO_4$ 和 $NiMoO_4$ 型中间氧化物，这两种过渡产物的出现可以加速 WO_3 和 MoO_3 的还原。此外，他们还研究了不同 C 源对碳热还原反应的影响，结果表明，C 的粉末粒径对碳热还原反应温度有显著影响。

3.2 Ti（C，N）基金属陶瓷的混料方法

对于金属陶瓷材料的制备，一般采用湿混的方法配料，常用的有高能行星球磨和搅拌球磨两种。对于用超细粉和纳米粉制备的金属陶瓷，常需加入微量的抑制剂（如VC、Cr_3C_2等）来阻止晶粒的长大，因这类化合物都不能被黏结相很好地润湿，所以加入量很少，只有使其均匀地分布在混合料中，才能对晶粒长大确定起到抑制作用，普通的湿混方法很难达到这个目的[84]。

可借鉴的是，对细粒硬质合金，在W元素碳化前以盐溶液的形式加入粉体，再碳化，则对晶粒的长大有较好的抑制效果。

文献［85］研究了混料过程中的机械合金化问题，当TiC和TiN一起加入时，只要球磨的功率和时间足够，TiC和TiN可以形成完全的固溶体。这种用机械法形成的固溶体，由于存在着大量晶格缺陷，应该十分有利于烧结过程的进行。另外，固溶体的形成可大大减弱高温烧结时N的分解，也有利于提高材料的性能。目前国内机械合金化常用的专业球磨设备为南京大学制造的QM-1SP型行星球磨机，通行的球磨工艺为：原始粉末按设计的成分配比配料后，采用无水乙醇湿磨的方法进行混料，球料比为（6～9）∶1，球磨转速为200～350 r/min，球磨时间为24～48 h，无水乙醇的加入量高出球粉料表面14～20 mm。

3.3 Ti（C，N）基金属陶瓷的成型方法

常用的金属陶瓷成型方法有：冷等静压、模压、挤压、注射成型法等。

冷等静压的优点在于压制密度高，不需要成型剂，不污染原料，但只能制出简单的压坯，后序的加工困难。挤压法只适宜生产较长的工件。注射成型法制品的密度相对较低，可制出形状复杂的制品，效率高，目前在研究阶段。模压法试样密度分布不均匀，需加成型剂，但其成本低，可压出形状复杂的试样，直到目前仍是粉末冶金行业最主要的成型手段[86]。图3.1所示为模压成型示意图。

成型剂是影响工件成型性能的最主要的

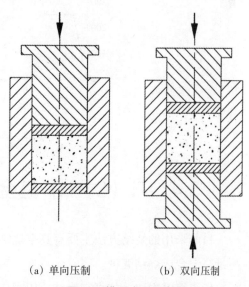

（a）单向压制　　　　　　（b）双向压制

图3.1 模压成型示意图

因素。模压成型时，常用的成型剂有石蜡、丁钠橡胶、聚乙烯醇等。石蜡的特点是易于脱除，不残留碳，但其压坯强度低，易掉边角，成型性能较差；丁钠橡胶的特点是成型性能好，但脱出时残留碳多，溶液黏度大，不能用于喷雾干燥等工艺；聚乙烯醇的性能介于上述二者之间，但其吸湿严重，造成工艺控制复杂化。一种比较成熟的聚乙烯醇成型剂的添加工艺为：先在90 ℃左右配制7%的聚乙烯醇水溶液，然后将干燥后的混合料与适量的成型剂聚乙烯醇溶液在混料机中混合30 min，再研磨10 min，制成具有一定大小和流动性的团粒。

新开发的SBS成型剂（苯乙烯–丁二烯–苯乙烯嵌段聚合物）加入一定量的石油树脂和一定量的葵二酸二丁酯，这种成型剂具有上述成型剂的优点，有广泛的发展前景[87]。

成型剂在完成试样成型之后，在烧结之前，应将成型剂脱除，否则易引起试样在烧结过程中发生开裂。成型剂具体的脱除工序，可以在程序控制的真空烧结炉中进行真空脱除，该过程也称为脱脂。通常的脱脂工艺为：以0.5 ℃/min的升温速率升温到700 ℃，多段保温，保持高于10 Pa的真空度，然后随炉冷却到室温，成型剂的脱除工艺曲线如图3.2所示。

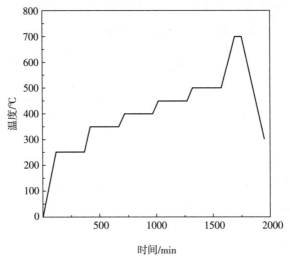

图3.2 试样脱脂工艺曲线

3.4 Ti（C，N）基金属陶瓷的烧结方法

目前采用的烧结方法主要有真空烧结、压力烧结、微波烧结、放电等离子烧结及自蔓延高温合成烧结五种。

传统烧结方法，如真空烧结、压力烧结，对于用机械合金化法球磨混料，制得平均粒度小于 0.5 μm 的 Ti（C，N）完全固溶体粉末[88]。经过高能球磨，粉末颗粒发生严重的晶格畸变而具有加工硬化效应，处于高能状态，随着温度的升高，变形粉末的晶格畸变能释放，促使晶粒快速长大，使最终烧结体的晶粒粗化，孔隙率高，致密度低，力学性能差[89]。但这种超细粉末因晶格缺陷多、畸变大、畸变能高，且扩散速度快、扩散路径短，可降低烧结温度，减少烧结时间。采用合理的烧结方法和工艺，通过控制烧结时间和烧结温度，有效抑制晶粒长大，可制得晶粒尺寸小于 1 mm 的细晶 Ti（C，N）金属陶瓷。

按烧结过程中有无液相出现，烧结分为固相烧结和液相烧结。Ti（C，N）基金属陶瓷在烧结温度下，其合金中的黏结相都将成为液相，因此，属于多元系液相烧结。在液相烧结过程中，只有当液相能使固态粉粒完全润湿，并具有一定溶解度时，液相才能对烧结过程产生作用。当固态颗粒之间的细小间隙被液相填充，并且固态颗粒被液相润湿时，将产生毛细管效应，烧结过程中毛细管效应能够促进烧结体致密化，毛细管效应的作用机理如下：

（1）在液相润湿作用及毛细管力作用下固态颗粒间距会缩小，使坯体中的粉粒调整初始状态重新进行排列，填实并排除部分气孔，以使坯体更为紧密地堆积。

（2）由于毛细管力的作用，颗粒之间相互接触处的突出部分将承受极大的压应力，在该接触压力作用下，受压部分将在溶液中具有更大的溶解度，出现局部蠕变或塑性流动传质，使物质扩散大为加速。

（3）坯体粉料颗粒属于多晶聚集体，液相将向其中晶粒间界内部渗透。渗入过程中可能分裂成多个更细的颗粒。这种渗入解裂的结果将带来两个新的、有利于致密化的过程：一是粉粒将出现再一次重新排列；二是分裂形成的更细粉粒，活性更大，更易于溶入液相中，加速溶入-析出过程的发生。

当有液相出现且这种液相又能使固态颗粒润湿时，将有利于烧结过程烧结体的致密化。而烧结温度的高低，将直接影响液相的含量与黏度。通常烧结温度偏高则液相含量增加，黏度下降，有利于溶入-析出过程及扩散传质的发生，使烧结时间缩短。若烧结温度过高，黏度太低，将使烧结体变形。

3.4.1　真空烧结

真空烧结（vacuum sintering，VS）是一种传统的烧结方法。用这种方法烧结制备 Ti（C，N）基金属陶瓷时，烧结温度一般在 1500 ℃左右，最高温度保温时间在 0.5 h 以上，烧结致密所需要的时间大概为 10 h，难以制备出超细晶粒的金属陶瓷材料。文献[90] 报道，当采用原料的粒度小于 0.34 μm 时，烧结过程中会发生晶粒的疯长，迅速长大到接近 0.4 μm；当原料 WC 粉粒度在 0.2 μm 以下时，添加晶粒长大抑制剂也不能制止WC晶粒的长大。这是因为通过机械合金化制备的超细粉末，由于长时间的球磨，发生严重的加工硬化和晶格畸变，使粉末处于高能状态，在随后的烧结过程中，随着温度的升高，晶粒快速长大，使最后的烧结体晶粒粗化，且气孔率高，致密度低，材料性能差。真空烧结一般在真空烧结炉中进行，常用液相烧结，烧结时真空度保持在 $10^0 \sim 10^{-2}$ Pa，真空烧结工艺曲线如图3.3所示。

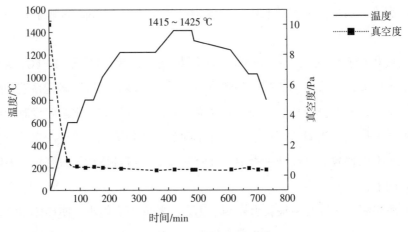

图3.3　试样烧结工艺曲线

3.4.2　压力烧结

压力烧结（pressure sintering，PS）可在较低的温度和较短的时间内获得较高致密度的烧结体，使晶粒细化成为可能。当前压力烧结主要指用真空烧结 + 热等静压（hot isostatic pressing，HIP）处理，用这种方法来制备高性能的细晶粒材料是本领域的研究重点。与普通真空烧结方法相比，其制得的金属陶瓷性能有较大提高。热等静压可以实现高温、高压烧结，且压力均匀作用于烧结体的各个方向[91]。对 Ti（C，N）基金属陶瓷进行热等静压处理，可以使烧结体更加致密，气孔率显著下降，从而提高材料的力学性能。

日本三菱公司在超细金属陶瓷制备工艺中采用了气氛压力烧结技术。采用气氛烧结技术可有效地抑制 Ti（C，N）或 TiN 的 N_2 分解，显著降低合金中产生孔隙的可能性。氮气烧结时，烧结温度和氮气压力一般随合金中氮含量的增大而提高。金属陶瓷中碳氮化物的 N_2 平衡压力受到金属陶瓷中氮含量的影响，也受到烧结温度以及金属陶瓷中含 C 量、M_2C 含量等因素的影响，若要精准地控制平衡压力较为困难，制取确定 N 含量的金属陶瓷较困难。文献 [68] 对 N_2 气氛烧结 Ti（$C_{0.5}N_{0.5}$）基金属陶瓷的研究结果表明：氮分压值为 2 kPa 时可获得较好的组织与性能。

3.4.3 微波烧结

微波烧结（microwave sintering，MS）采用微波辐射为热源，微波的本质是高频电磁波，具有较高电磁能，通过材料自身对电磁能的吸收，使材料内外同时均匀加热升温至烧结温度，实现烧结致密化。微波使粉末微粒动能增加，扩散驱动力增大，烧结活化能降低，比真空烧结时温度降低 50～100 K，且加热时间缩短，烧结时细粉来不及长大就已完成烧结，实现低温快速烧结，获得超细晶粒烧结体。微波烧结可有效控制超细粉在烧结过程中晶粒快速长大粗化[92]，因烧结时材料内外同时加热，实现整体上的均匀加热，烧结体内部残余热应力小，利于提高综合性能。

文献［93］用MS制备 Ti（C，N）金属陶瓷，烧结体的组织特征为：组织均匀，颗粒无粗化现象；若添加纳米氮化硼，烧结体的组织仍较均匀，对 Ti（C，N）有明显强化作用，添加1.5%纳米 BN 时，烧结体力学性能最佳，抗弯强度为 1560 MPa，硬度为92.0 HRA。文献［94］用微波烧结法研究了添加纳米 Si_3N_4 对 Ti（C，N）金属陶瓷的强化作用，同样制得了具有典型"芯–壳"结构的烧结体，且力学性能优良。

文献［95］用微波烧结法制备 Ti（C，N）-Mo-Ni-Al_2O_3 纳米金属陶瓷，得出烧结前后晶粒尺寸变化很小的结论。采用MS技术可制备纳米硬质合金，对于 WC-6Co 系硬质合金，采用普通烧结法孔隙率达7%，若采用 MS 烧结可降低孔隙率至1%；微波烧结的晶粒细小且均匀，硬度、强度和韧性均有所提高。

微波烧结突出的技术特点是：① 在加热方面：实现整体加热，加热均匀，低温快烧，无加热惯性，可实现选择性加热。② 在性能方面：烧结体孔隙率低，烧结致密，热应力小，烧结体综合性能好。③ 在节能环保方面：低能耗，高效率，清洁，安全，无污染。作为一种新型烧结方法，尤其在加热方面具有独特优势，为细晶金属陶瓷制备提供了一条极具发展前景的新途径。

3.4.4 放电等离子烧结

放电等离子烧结（spark plasma sintering，SPS）是在粉末颗粒间通入脉冲电流，利用脉冲放电产生高温，形成放电等离子体，使待烧结粉体颗粒快速发热、升温至烧结温度，实现快速烧结。它的特点是加热快，冷却快，利于晶界活化，促进晶格间扩散，抑制表面扩散，制得致密的细晶材料，在极短的时间内完成烧结，是一种快速、低温、节能、环保的材料制备新技术。

目前，在金属陶瓷制备方面，利用放电等离子烧结已制备出细晶 Ti（C，N）材料。文献［96］将 TiC、Ni 和 C 粉料进行球磨混粉，获得颗粒尺寸为 0.2～0.5 μm 的超细混合粉，在 800 ℃下用 SPS 烧结，制得超细晶 TiC-Ni 金属陶瓷。因放电等离子烧结加热快且均匀，烧结工艺参数对烧结体的组织、性能有重要影响，文献 [97] 描述了烧结工艺参数的选择。文献 [98] 采用 0.21 μm 左右的 TiC 粉，在 1350 ℃用 SPS 法烧结 8 min，获得晶粒尺寸为 0.42 μm 的金属陶瓷。文献 [99] 采用平均粒径为 5 nm 的 TiN 粉，在 1963 K，19.6～38.2 MPa 下，用 SPS 法烧结 5 min，制得粒径为 65 nm 的 TiN 烧结体。文献 [100] 研究了 Ti（C，N）金属陶瓷的 SPS 烧结工艺：在低于 1350 ℃烧结时，收缩大，烧结体致密度较高；在 1250 ℃烧结时，硬度达 91 HRA，抗弯强度（TRS）为 295 MPa；在 1430 ℃烧结时，烧结体开裂。文献 [101] 在 1350 ℃下用 SPS 法烧结 8 min，获得 TiC（0.2 μm）-23TiN（0.2 μm）-12Mo$_2$C（2.80 μm）-12Ni（2.18 μm）的 Ti（C，N）金属陶瓷，制备的烧结体颗粒均匀，呈球状，且形成了较完整的 Rim 相，硬度达 87 HRA；若添加晶粒长大抑制剂 VC，则烧结体晶粒更细小，但孔隙率较高。

当前用放电等离子法烧结 Ti（C，N）金属陶瓷存在的主要问题是烧结体孔隙率高（相对于压力烧结）。另外，烧结工艺及基础理论都有待深入研究。

3.4.5 自蔓延高温合成烧结

自蔓延高温合成（self-propagating high-temperature synthesis，SHS）是利用反应合成时释放的化学反应热，通过自加热和自传导作用完成烧结过程。自蔓延高温合成烧结法在一定条件下，可在极短的时间内合成细晶材料。在烧结过程中，将 Ti-C 与 Ni、Fe、Co、Mo 混合制备 TiC 金属陶瓷。文献 [102] 的实验结果表明，自蔓延高温合成法制得的材料孔隙率高于 10 %，力学性能差。该法合成组织细小、致密度高的金属陶瓷时，需要与热压、热等静压或冲击加压法等配合使用。文献 [103] 将其与冲击压法结合，制备孔隙率小于 2% 的 TiC-Ni 金属陶瓷；文献 [104] 将 SHS 与准等静压技术结合，制得晶粒度为亚微级、致密度高于 96% 的 TiC-Ni 金属陶瓷；文献 [105] 采用机械感应自蔓延反应法制备了 Ti（C，N）-Ni-Co 金属陶瓷，硬度为 12.6 GPa，断裂韧性为 9.6 MPa·m$^{1/2}$，性能有待继续提高。

3.5 试样制备与测试方法

3.5.1 Ti（C，N）基金属陶瓷化学成分设计

根据以上论述和热作模具材料的特点，主成分设计在保持高温性能的同时，最大限度地提高 Ti（C，N）基金属陶瓷的强韧性和抗热震性。

选用 TiC、TiN、Ni、Mo、WC 五种原料作基本配料。在配比时，首先按性能要求，基本确定硬质相与黏结相间的大致比例，并基本确定 Ni 与 Mo 的比例，一般 Mo 的质量

分数应该在6%以上，才能够保证使其与硬质相间的润湿角降为0°，另外也起到固溶强化黏结相的作用。当Mo与（Mo + Ni）之比为0.1～0.2时，金属Ni相的抗弯强度达最大值。根据已有文献报道，Mo与Ni的比例可为1∶1～1∶7，大部分研究报道，当Ni质量分数较高，为25%～40%时，Mo的质量分数为13%～16%较为合适。

在保证能够达到致密的情况下，氮与碳含量间的比例合理。已有文献报道，C与N原子数之比一般为7/3～5/5，原因之一是在此范围内Ti（C，N）从热力学上来说较稳定，特别是在高温区更是如此。并且在真空烧结的情况下，已被大多数研究证实。氮的质量分数不应超过根据TiC-Mo2C-Ni合金的两相区相图，以及碳、氮的质量分数与两相区的关系图谱所确定的范围，当C与N原子数之比为7/3时，碳的质量分数应为10.5%～13.2%；C与N原子数之比为5/5时，碳的质量分数应为8.2%～11.2%。另外，还应该注意，从已有文献来看，在真空烧结时，氮含量不应超过2.7%，超过此值，很难使材料在烧结时完全致密，对材料性能已有明显的有害影响。

在实际进行材料设计时，还应考虑高温下TiN的分解、碳的烧损、金属原子的少量挥发等情况。在真空烧结时，这些现象更为严重，有文献报道，真空烧结时，碳的烧损达20%，氮的烧损达26%以上[106-107]。

金属陶瓷中常用的添加剂有WC、Co、TaC、NbC、HfC、VC、Cr_3C_2、ZrC、Al、AlN、稀土元素、SiC晶须、V_2O_5等。添加剂的主要作用是：改进硬质相的性能；强化黏结相；控制环形相的厚度及改善环形相的结构和性能；细化晶粒等。最终提高材料的强韧性、热震性等模具材料的高温性能。

在加入添加剂时，应注意黏结相对添加剂的润湿性问题。如TaC、NbC、WC等，黏结相对它们的润湿性较好，主要从改进材料性能、控制成本的角度来考虑添加量。而对于VC、Cr_3C_2、V_2O_5等，黏结相对其润湿性较差，应主要从细化晶粒的角度出发，适量加入，严格控制。从理论的角度来说，添加剂的加入量最大可达其在黏结相的饱和溶解度。但在实际上，一般不超过其饱和溶解度1%。如采用热压烧结或热等静压处理，添加量则可适量增加。

在加入添加剂时，因材料成分的改变引起界面反应激活能的变化，导致组分在界面偏聚。如VC、Cr_3C_2、V_2O_5的加入，增加了界面反应激活能；通过调整Co与Ni之比来改变黏结相中各元素的溶解量，改善金属陶瓷性能[108-109]。

总之，加入添加剂时，应使总的硬质相含量和黏结相含量变化不大，并通过适当的调整，使碳含量基本保持不变。

设计试样的Ti（C，N）基金属陶瓷基本成分配比，如表3.1所示。

表3.1 Ti（C，N）基金属陶瓷成分设计（质量分数）

编号	Ni或Co	Mo	TiC	TiN	WC	C	其他
30Ni	30%	11%	20%	12%	25%	0.8%	
35Ni	35%	13%	24%	10%	15%	0.8%	
40Ni	40%	12%	28%	8%	8%	0.8%	

3.5.2　试样粉体材料选用

试样粉体材料的粒度选用，如表3.2所示。

表3.2　试验用粉末的化学成分和粒度

粉末品种	化学成分/（质量分数/%）					余量	粒度/μm	生产厂家
	C	S	N	O	Fe			
TiC	19.18	0.027	0.65	0.30		Ti	2.31	株州硬质合金集团
TiN	18.89	0.012	19.9	0.26		Ti	14.64	中国有研科研集团
WC	6.11	0.026		0.32	0.018	W	3.45	株州硬质合金集团
Ni	12.78	0.033		0.20	0.003	Ni	2.3	株州冶炼集团
Mo	10.94	0.032		1.03		Mo	2.8	株州硬质合金集团

3.5.3　试样制备

配粉→加入稀释剂混合球磨→沉淀、烘干→掺入成形剂混匀→在60 t万能试验机上模压成型→脱脂→真空烧结→热震试验→按金相试样的要求磨制、抛光热疲劳裂纹观察面→测试、分析、结论。

每件试样制备完成后的外形尺寸为：40 mm×5 mm×5 mm。

3.5.4　试验设备与测试仪器

（1）实验设备。

JK-150A型25 kW真空烧结炉，QM-1SP型行星式球磨机，真空脱脂炉，WJ-10B型60 t万能材料试验机，160 t粉末制品液压机，美国QIH-6型热等静压机，MQ6025A型万能工具磨床，101A-3型电热鼓风恒温干燥箱。

（2）测试仪器。

日本岛津SA-CP3型粒度分析仪，美国Tech公司TC-436型氮/氧测定仪，新科万分之一光电天平，Perkin-Elmer DTA-1700型差热分析仪，HR-2150A型洛氏硬度计，HXS-1000 AK型显微硬度计，美国Gatan 600型离子减薄仪，Quanta 400环境扫描电镜，Sirion 200型场发射电镜，JEM-100CX型透射电镜（TEM），Noran Vantage 4015能谱仪，Rigaku D/MAX2YB型X-Ray衍射仪。

4　金属陶瓷梯度材料的制备方法

4.1　固相烧结法

固相烧结法主要用于制造WC-Co系梯度硬质合金材料，该方法采用分层压制法或连续沉降法制得Co含量或WC晶粒度呈梯度分布的粉末压坯，然后在低于共晶温度下烧结，但烧结体内一般仍含有一定的孔隙，故烧结后往往需施以热等静压等后续处理以获得致密体。由于传统的固相烧结工艺制备均质材料的周期长，烧结体致密度低，该方法已逐渐被液相烧结和其他烧结方法所取代，但其在制备梯度结构材料时仍然有一定的应用价值[110]。C. Colin 等[111]对不同钴含量的层状结构梯度压坯进行固相烧结，发现烧结后试样的原始梯度结构保持完整，而且层间结合良好，界面附近未观察到混合层。但是，固相烧结体的空隙度高、密度低、强度差，为消除残留在试样内的大量孔隙，提高烧结体的密度、获得致密结构、改善力学性能，一般需要对烧结体进行高温等静压处理。有研究者在粉浆浇铸成型ZrO_2-Ni金属陶瓷时通过外加梯度变化的磁场来获取镍含量呈梯度分布的预制块，并在1350 ℃下烧结5 h获得梯度材料[112]。

4.2　原位扩散法

原位扩散法包括：渗碳、渗氮、脱碳和脱氮等。碳和氮对Ti（C，N）基金属陶瓷的显微组织和性能有显著的影响，碳和氮在固相烧结时扩散速率较快，可通过质量传输来制备梯度结构材料。渗碳和渗氮的原位扩散法已经在制备梯度功能陶瓷上得到了应用[113]。脱碳和脱氮可预先处理涂层材料，提高渗层韧性，阻止裂纹向基体内部快速扩展。20世纪80年代，Sandvik 公司用渗碳法制备双相硬质合金的硬度得到大幅度提高[114]，利于解决强韧性和表面耐磨性之间的矛盾。在液相温度进行渗碳时，制备出1～2 mm厚的无相界面梯度层。脱碳是制备梯度结构Ti（C，N）基金属陶瓷或硬质合金的方法之一。在Ti（C，N）基金属陶瓷或硬质合金表面富黏结相，可提高制备材料的加工性能和使用寿命。实验结果表明：在1200 ℃下进行20 h渗氮处理，可在表面20 μm内富集钛和氮，影响晶粒长大。通过切削加工试验，经渗氮处理的Ti（C，N）-TiN-WC-Co金属陶瓷，耐磨性明显高于未经渗氮处理的金属陶瓷[115]。

4.3 浸渗法

浸渗法是硬质相、黏结相和金属熔体在高于熔点的温度下进行液相烧结，各相之间发生质量迁移，黏结相沿硬质相所形成的通道扩散，引起梯度材料成分分布和显微组织结构发生变化。用浸渗法制备无孔隙硬质合金时，硬质相WC与黏结相Co在高温时结构相容，通过共晶反应和冷却析出机理形成固溶体，因而形成硬质相与黏结相之间良好的界面结合，具有较高的界面结合强度，通过成分和气氛控制，可获得一定厚度的高钴层，使烧结体的成分和性能呈现梯度分布，从而获得梯度硬质合金材料。在使用浸渗技术时，控制压坯孔隙率十分重要，文献［116］用浸渍法制备了梯度硬质合金，结果表明：用浸渍法可制备出无孔隙的硬质合金，也可制备出成分梯度分布和硬度梯度分布的硬质合金。A.F.Lisovsky等[117]采用此方法制备出了具有梯度结构的硬质合金。瑞典的Andrén等和皇家工学院的Lindahl等[118-119]建立了热力学相图并详细分析了梯度显微结构。浸渗法制备梯度硬质合金的研究成果，为金属陶瓷梯度材料的研究提供了有益参考。

4.4 气氛控制烧结法

气氛控制烧结法在制备表面梯度材料时具备工业化优势。目前，金属陶瓷表面梯度材料在工业生产中使用的烧结气氛主要有渗碳气氛和渗氮气氛。

（1）渗碳气氛。按气氛对烧结材料中碳含量的影响结果分为渗碳、脱碳及中性气氛。若烧结压坯中含有游离碳（一般为石墨态）或烧结体中的碳浓度超过该气体成分碳浓度的临界值，将会有部分碳扩散到气氛中，即烧结体发生脱碳现象。若烧结体内的碳含量低于气氛中碳的临界浓度，气氛中的碳将会渗入到烧结体中，即发生渗碳现象。当气氛碳浓度被控制到与烧结体中的碳浓度平衡时，此时的气氛称为中性气氛。控制碳势就是要在一定温度下使气体保持一定的碳浓度，渗碳气氛一般要保持较高的碳势。

目前，渗碳气氛在控制气氛烧结中多用于硬质合金表面梯度材料的制备。当碳添加量低于或高于常规的WC-Co粉压制时，先按常规工艺烧结，在冷却过程中当烧结体碳含量偏高时，进行脱碳处理。经过脱碳处理，渗碳层的碳含量会有所降低，富Co的液相向渗碳层处迁移，得到由表层至芯部的Co黏结相逐渐减少的梯度材料。当碳含量偏低时，则进行渗碳处理，富 Co 的液相向芯部处迁移，由表层至芯部，Co 黏结相的体积分数逐渐增加，具有梯度材料特征[120-121]。

（2）渗氮气氛。近年来，氮气和氮基气体的气氛烧结日渐广泛，它们适用于大多数粉末零件的烧结，如 Fe、Cu、Ni 和 Al 基材料等。纯氮中的氧含量极低，水分的温度降至 -73 ℃，所以，氮气是一种安全而价廉的惰性气体，工艺适用性强，使用范围不断扩大。在金属陶瓷梯度材料制备中，渗氮气氛已应用于气氛烧结、气氛热等静压等工艺。例如，Ti（C，N）基金属陶瓷在渗氮气氛下进行热等静压氮化处理时，在高温、高压作用下，表层的 Mo 元素对 N_2 具有活化裂解作用，试样表面的 N 活度高于试样内部，存在从表层到内部的活度梯度，并保持较高的氮势，高氮势驱动 N 元素由试样表面向基体内部扩散，并且 N 元素可以从 N_2 气氛中获得供给，从而形成表面 N 元素梯度层。

5 Ti(C，N) 基金属陶瓷超微粉体的制备

5.1 高能球磨制备超微粉体概述

高能球磨是制备各种金属、合金、非金属纳米材料和非晶态材料的常用方法。

本书利用高能球磨来制备TiC、TiN、WC超微粉体，并对其球磨特性、微观形貌进行了探讨；同时，对金属Ni粉的球磨特性进行了研究。

5.1.1 粉体尺寸术语

在粉末冶金领域，一般认为：硬质颗粒尺寸大于1 mm的称为常规材料，小于1 mm的称为细颗粒材料。细颗粒材料按粉末颗粒尺寸又分为：粒径为0.6～1.0 mm的为微米材料；0.3～0.6 mm的为亚微材料；0.1～0.3 mm的为超微材料。超微粉体是指颗粒尺寸在0.1～0.3 mm的超微粉末。

5.1.2 原始粉体的测定

Ti（C，N）基金属陶瓷的主要化学成分有：TiC、TiN、WC及Ni。原始粉体为工业细粉。在日本岛津SA-CP3型粒度分析仪上，用沉降法测定原始粉末的粒度分布。在美国Tech公司TC-436型氮/氧测定仪上测定粉末氧含量，工业细粉的含氧量一般控制在0.5%左右。

表5.1为各原始粉末的平均粒径和氧含量。

表5.1 原始粉末平均粒径和氧含量

粉　末	TiC	TiN	WC	Ni
平均粒度/μm	3.56	6.23	2.03	2.58
含氧量/%（质量分数）	0.21	0.19	0.37	0.23

图5.1所示为实验用原始粉末的粒度分布。

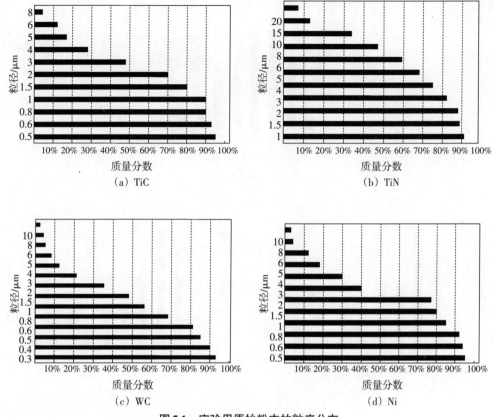

图5.1　实验用原始粉末的粒度分布

5.2　组成相超微粉体的制备

5.2.1　超微粉体制备方法

将外购的TiC、TiN、WC原粉分别放入尼龙罐中，按8:1的球料比加入φ8 mm的硬质合金球，以无水乙醇为球磨介质，在QM-1SP型行星球磨机上湿磨，转速为280 r/min，粉体按不同时间球磨后，取出，在78 ℃烘箱内烘干，取样测试。

用日本岛津SA-CP3型粒度分析仪测定球磨后的粉末粒度（测量范围0.01~100 μm），用美国Tech公司TC-436型氮/氧测定仪测定粉末氧含量，用JSM-5510LV型环境扫描电镜（SEM）观察微米粉体的形貌和粒度分布，用JEM-100CX型透射电镜（TEM）观察超微米粉体的形貌和粒度分布。

5.2.2　TiC超微粉体的制备

图5.2所示为TiC粉末经球磨24，48，96 h后，用沉降法测定的粒度分布。

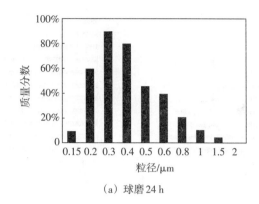

（a）球磨 24 h

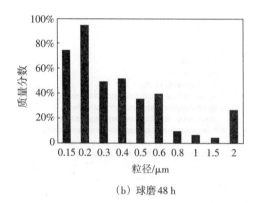

（b）球磨 48 h

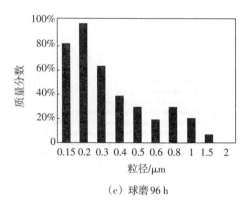

（c）球磨 96 h

图 5.2　TiC 粉末的粒度分布

图 5.2 表明，随着球磨时间增加，粒度分布在超微米区的峰数由两个变为三个：图 5.2（a）有两个主峰位于超微米区（0.15～0.3 μm）；图 5.2（b）有三个主峰位于超微米区，且有三个次峰位于亚微米区（0.3～0.6 μm）；图 5.2（c）有三个峰位于超微米区，且粒度进一步均匀化。

图 5.3 所示为 TiC 粉体在不同球磨时间下的 SEM 形貌。

（a）原料粉末

（b）球磨 24 h

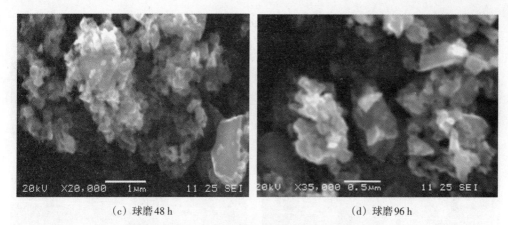

（c）球磨48 h　　　　　　　　　　（d）球磨96 h

图5.3　TiC粉体在不同球磨时间下的SEM形貌

由图5.3可见，原始粉颗粒较粗，分布不均匀，球磨24 h后明显细化，粒径急剧减小，但仍有较大颗粒存在；球磨48 h后粉末颗粒进一步细化，但颗粒外形不规则；继续球磨，经96 h球磨后，粉末的粒径变化很小，细化速度减慢，外形较规则，少量呈类球状，分布较均匀。

5.2.3　TiN超微粉体的制备

图5.4所示为TiN粉末经球磨24，48，96 h后，用沉降法测试的粒度分布。

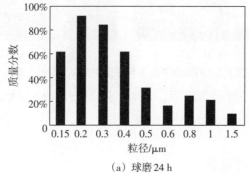

（a）球磨24 h

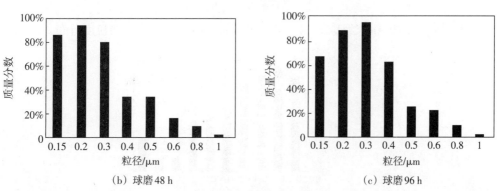

（b）球磨48 h　　　　　　　　　　（c）球磨96 h

图5.4　TiN粉末的粒度分布

图5.4表明，球磨24，48，96 h后的TiN粉末粒径变化不明显，但颗粒的分布有较

明显的差别；球磨48 h后微米级的粗颗粒已很少。

图5.5所示为TiN粉体在不同球磨时间下的SEM形貌。

（a）原料粉末 （b）球磨24 h

（c）球磨48 h （d）球磨96 h

图5.5　TiN粉体在不同球磨时间下的SEM形貌

由图5.5可以看出，球磨48 h后，TiN粉末的粒径变化不大，但颗粒的分布趋于均匀，与图5.4用沉降法测试的粒度分布结果一致。

5.2.4　WC超微粉体的制备

图5.6所示为WC粉末经球磨24，48，96 h后，用沉降法测试的粒度分布。

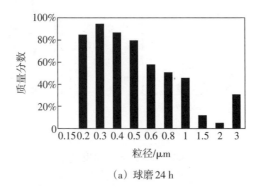

（a）球磨24 h

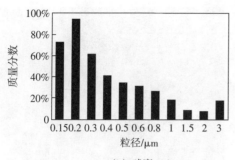

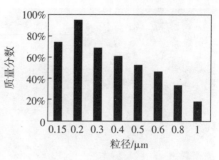

（b）球磨48 h

（c）球磨96 h

图5.6 WC粉末的粒度分布

图5.7所示为WC粉体在不同球磨时间下的SEM形貌。

（a）原料粉末

（b）球磨24 h

（c）球磨48 h

（d）球磨96 h

图5.7 WC粉体在不同球磨时间下的SEM形貌

由图5.3、图5.7对比可以看出，WC粉体的球磨特征和TiC很相似。

图5.8所示为超细TiC、TiN粉体置于蒸馏水中，经超声波分散后的TEM形貌。

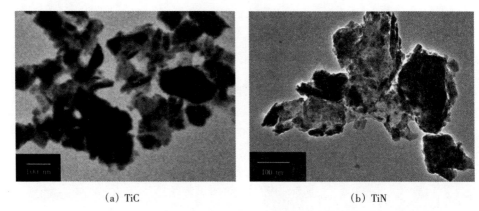

(a) TiC　　　　　　　　　　　　　　(b) TiN

图 5.8　超细 TiC、TiN 粉体的 TEM 形貌

5.2.5　Ni 粉的球磨特性

按 5 : 1，10 : 1，15 : 1，20 : 1，25 : 1 的球料比球磨 Ni 粉 24 h。图 5.9 所示为相同球磨时间内，球料比对 Ni 粉粒度的影响。图 5.10 所示为球料比是 7 : 1 时，球磨时间对 Ni 粉粒度的影响。

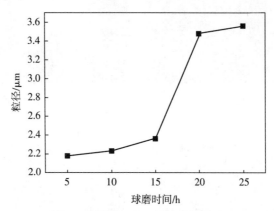

图 5.9　球料比对 Ni 粉粒度的影响

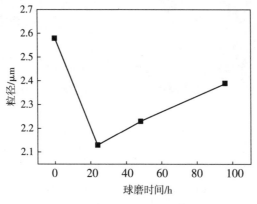

图 5.10　球磨时间对 Ni 粉粒度的影响

图5.9表明，球料比越大，越不利于Ni粉的细化。图5.10表明，开始球磨的24 h内Ni粉显著细化，细化到一定范围后，随着球磨时间延长，又逐渐粗化。

图5.11所示为Ni粉在不同球磨时间下的SEM形貌。

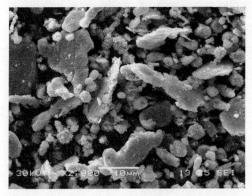

（a）原始粉末

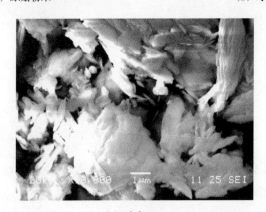

（b）球磨24 h

（c）球磨48 h

图5.11 Ni粉在不同球磨时间下的SEM形貌

由图5.11（a）可见，原始粉末中有大量长链状组织及粗颗粒；随着球磨过程的进行，长链发生断裂，粗粉末颗粒被磨球撞击、压扁，发生明显的塑性变形，形成凸凹不平的表面，产生了大量位错缠结，如图5.11（b）所示；随着球磨时间进一步延长，在磨球反复撞击下，粉末颗粒变形量增大，储存了较高的能量，可出现金属粉末颗粒间的冷焊现象，如图5.11（c）所示。

金属粉体的球磨过程，实质上是一个颗粒破碎断裂与冷焊整合相互转化的动态过程，金属粉末在高能球磨过程中表现出来的冷焊性与其本身的塑性紧密相关，塑性好的粉末冷焊性强。Ni作为塑性金属很难粉碎[122]。在球磨过程中塑性颗粒的反复变形、焊合、断裂，导致细小颗粒内部存在大量的位错缠结，使粉末处于高能状态，将对后续的烧结过程产生重要影响。

5.2.6　超微粉体制备技术要点

表5.2所示为TiC、TiN、WC原粉球磨48 h，Ni原粉球磨24 h，用沉降法测试的平均径粒度和含氧量。图5.12所示为TiC、TiN、WC原粉在不同球磨时间的粒度分布曲线。

表5.2　TiC、TiN、WC及Ni原粉球磨后的平均粒径和氧含量

粉末	TiC	TiN	WC	Ni
平均粒径/μm	0.20	0.21	0.18	2.36
含氧量	3.52%	1.73%	4.3%	0.56%

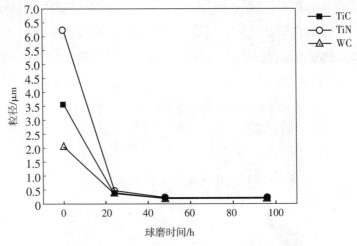

图5.12　TiC、TiN、WC在不同球磨时间的粒度曲线

对比表5.1和表5.2可以看出，用高能球磨制备的超微粉，其含氧量较原始粉末增大。原因在于，在高能球磨制备超微粉的过程中，随着粉末的细化，粉末的比表面积迅速增大，并发生了强烈的塑性变形，使超微粉处于高能状态，从而提高了粉末对氧的吸附能力，使超微粉的含氧量增大。超微粉体的高含氧量，将对后续的烧结过程产生重要影响。

由图5.12可以看出，在球磨初期，粉末粒径快速减小；球磨24 h后，粉末细化的速度减缓；球磨48 h后，粉末粒度达到最小值；继续球磨，粉末细化不明显。球磨中，粉末在硬质合金球高频度、高能量的碰撞下将发生较大的塑性变形，使粉末发生塑性变形的能量，大部分转化为热能，少部分以位错等晶体缺陷形式储存在粉末晶格中[123-124]。随着球磨时间的延长，位错密度增大，当增大到塑性变形的临界值时，位错源启动，位错移动并缠结在一起，产生割阶，最终将晶粒分割成细小的亚晶粒，以降低体系的自由能。晶粒越细，启动位错源所需克服的阻力越大，即所需的能量越高，故粉末细化开始时较容易，当细化到一定程度时，受球磨机功率的限制，继续细化将会变得困难[125-126]。

综上，Ti（C，N）基金属陶瓷超微粉体的制备具有以下技术特点：

（1）高能球磨是制备硬质相超微粉的有效方法；球磨48 h可使TiC、TiN、WC粉末平均粒度达到0.18～0.21 μm，粉末有类球状形貌。

（2）用高能球磨制备的超微粉，随着粉末的细化，粉末的比表面积迅速增大，并且发生强烈的塑性变形，使超微粉处于高能状态，提高了粉末的吸附能力，可使粉末的含氧量增大。

（3）随着球磨时间增加，硬质相粉末粒度不断减小，达到一个极限值后，受球磨机功率的限制，进一步细化困难；但随着球磨时间的延长，粉末分布趋于均匀。

（4）随着球磨时间延长，金属Ni的粉末粒度，在达到一个最小值后有粗化倾向；随着球料比增加，Ni粉的粉末粒度有增大趋势，这与金属粉体本身的塑性好以及其球磨中的冷焊特性有关。

6 细晶Ti（C，N）基金属陶瓷的制备

细化晶粒可使材料实现硬度和强度（韧性）的最佳组合，提高材料的综合性能。在粉末冶金领域，细晶粒硬质合金在理论研究和产品开发上，都取得了很大成功[93-96]。细晶粒硬质合金产品，2000年世界总产量已达11500～12500 t，约占全世界硬质合金总产量的40%，实现了过去难以达到的力学性能，大幅度提高了硬质合金工模具的使用寿命[97-102]。

本书拟借鉴细晶粒硬质合金材料研究的成功经验，用硬质相超微粉、黏结相微粉，结合先进的烧结工艺，来制备细晶粒Ti（C，N）基金属陶瓷材料。

6.1 成分设计

Ti（C，N）基金属陶瓷的主要组成相为硬质相和黏结相，其中硬质相的主要组成成分是TiC、TiN、WC，黏结相的主要组成成分是Ni和Mo。本书选用TiC、TiN、WC、Ni、Mo五种成分作基本组元。在成分设计时，首先按模具材料对性能的基本要求，根据一些研究成果，确定硬质相与黏结相之间的大致比例。

文献［103］研究表明：当Ni的质量分数为25%～40%时，材料的抗弯强度最高，针对模具材料对强度、韧性的较高要求，实验确定Ni的质量分数为35%。文献［104］认为：在真空烧结高Ni金属陶瓷时，10%左右的TiN质量分数，可以使材料完全烧结致密，实验确定TiN的质量分数为10%。硬质合金模具材料具有良好的综合性能，本书按YG15的基本成分比例，引入WC与Co，加入12%的WC，使材料组织成分处于两相区中间，在显微组织中避免出现脆性的ε相（TiNi$_3$），相应Co的质量分数为2%；添加自由C，可满足烧结过程与Mo形成Mo$_2$C、消除粉末所吸附的氧，实验确定C的质量分数为1%。文献［105］研究认为：当Mo的质量分数为10%时，可使Ni与TiC间的润湿角降低为0°，同时，Mo可固溶于Ni基体，对Ni基体起到强烈的固溶强化作用，当Mo/（Mo+Ni）为0.1～0.2时，金属Ni相有最好的固溶强化效果[106-109]，实验初步选定Mo的质量分数为9%，这样，TiC的质量分数应为30%左右。

综上所述，可确定细晶粒Ti（C，N）基金属陶瓷模具材料的基本成分为：30%TiC-10%TiN-12%WC-35%Ni-9%Mo-2%Co-1%C+其他添加剂。

6.2　试验用粉末的原始粒度

试验用TiC、TiN、WC、Ni、Mo等粉末的粉末粒度如表6.1所示；粉末的SEM形貌如图6.1所示，测试设备为JSM-5510LV型环境扫描电镜。

表6.1　试验用粉末的平均粒度

粉末种类	TiC	TiN	WC	Ni	Mo
粉末粒度/μm	0.20	0.21	0.18	2.36	1.62

注：TiC、TiN、WC为球磨48 h的超微粉末，Ni、Mo为球磨24 h微粉。

（a）TiC粉体SEM形貌

（b）TiN粉体SEM形貌

（c）WC粉体SEM形貌

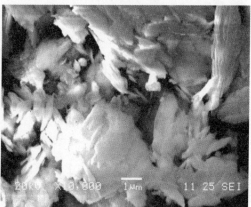

（d）Ni粉体SEM形貌

（e）M_n粉体SEM形貌

图6.1　实验用粉体的SEM形貌

6.3　细晶金属陶瓷的制备工艺

用粉末冶金法制备烧结体试样。工艺流程为：球磨制粉→配料→球磨混料→烘干→掺成型剂→造粒→模压成型→脱脂→烧结。具体工艺流程如下：

（1）球磨制粉。用QM-1SP型行星式球磨机，加无水乙醇湿磨，球料比为8∶1，球磨转速为280 r/min，球磨时间为24～48 h，烘干，获得硬质相超微粉、黏结相微粉。

（2）配料。按照实验配方在天平上称粉，天平精度为0.1 g。

（3）球磨混料。配料后，按每1 kg配料放入800 mL左右无水乙醇，无水乙醇加入量应高出磨球、粉料表面15～20 mm，在QM-1SP型行星球磨机上湿混，球料比为5∶1，球磨转速为120～180 r/min，混料时间为24 h，获得混粉料浆。

（4）烘干。混粉料浆放在红外干燥箱中干燥，设定温度为78 ℃，烘箱自动控温，控温精度为±5 ℃。

（5）掺成型剂。在干燥后的混料中加入适量的成型剂，在研钵中混合均匀，使其成为具有一定大小和流动性的团粒。

（6）造粒。用100目筛，过筛造粒。

（7）模压成型。在WJ-10B型万能材料试验机上将粉粒模压成型，压坯尺寸约为5.6 mm×5.6 mm×40 mm，压坯表面无裂纹。

（8）脱脂。在真空烧结炉中进行，保持低于10 Pa的真空度。采用25 kW真空烧结炉，采用高强石墨发热体加热。

（9）烧结。烧结设备为25 kW真空烧结炉，烧结时真空度为0.01～1.0^{-2} Pa。

6.4　细晶金属陶瓷的真空烧结

6.4.1　试验方法及测试设备

成分为 30%TiC-10%TiN-12%WC-35%Ni-9%Mo-2%Co-1%C+晶粒抑制剂的超微粉；用 Perkin-Elmer DTA-1700 型差热分析仪，在连续加热条件下对试料作差热分析（DTA），测定液相点，确定烧结工艺；在 WJ-10B 型万能材料试验机上压制烧结试样坯，尺寸为 5.6 mm × 5.6 mm × 40 mm；将试样坯经脱脂处理后，在 25 kW 的真空烧结炉内烧结，并用真空计记录烧结过程中的真空度变化情况；烧结体试样经磨平、抛光处理后，用 D/MAX-YB 型 X 射线衍射仪对烧结体试样进行物相分析；用 Quanta 400 环境扫描电镜及 Sirion 200 型场发射电镜观察组织形貌，用 Noran Vantage 4015 能谱仪进行能谱分析。

6.4.2　确定成型剂

当前，在超细 Ti（C，N）基金属陶瓷混合粉体的模压过程中，广泛使用的成型剂是聚乙烯醇（PVA）。聚乙烯醇作为一种中性成型剂，与石蜡相比，成型性更好；与丁钠橡胶相比，燃烧得更干净。本书所用成型剂为聚乙烯醇水溶液加甘油，按照聚乙烯醇：甘油：H_2O=0.6：0.1：99.3 配制而成。

图 6.2 所示为聚乙烯醇在热分解过程中的热失重曲线。由图 6.2 可见，聚乙烯醇热分解过程的发生温度低于 400 ℃，远低于 Ti（C，N）基金属陶瓷发生物理化学反应的温度。

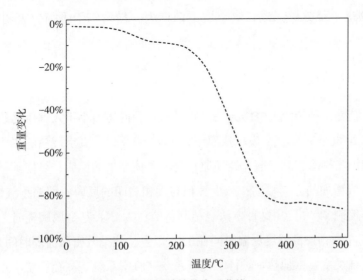

图 6.2　聚乙烯醇的热失重曲线

6.4.3 脱脂工艺

脱脂工序对制备高性能金属陶瓷有非常重要的影响。由图6.2可知，聚乙烯醇的挥发温度是200～400 ℃。脱脂时若成型剂未脱除干净，当炉温继续升高时，试样由于聚乙烯醇裂解而增碳，并伴有气体挥发，使试样内部产生大量气孔而难以烧结致密，将降低材料性能。图6.3所示为细晶金属陶瓷脱脂工艺及真空度、温度与时间的变化关系。

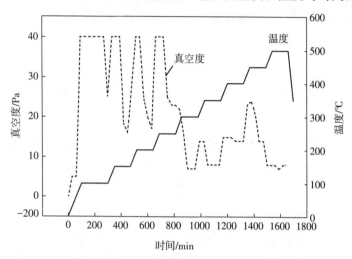

图6.3 细晶金属陶瓷脱脂工艺及真空度、温度与时间的变化关系

从图6.3可以看出，在脱脂过程中，在100 ℃时，压力达到最大值，主要是水分的蒸发所造成的；在150 ℃左右时，甘油的挥发使压力再次升高；在170 ℃左右时，PVA出现脱水反应，生成乙醇和丁烯醛；在250～350 ℃时，PVA可生成乙醛[110]，使压力增大；在350 ℃左右时，有机物已大部分分解，此时的压力较小；此后，随着温度不断升高，有机物进一步分解完成，真空度逐渐增大，最后趋于平衡，表明成型剂已全部脱除。

6.4.4 真空烧结简介

真空烧结是一种传统的烧结方法，它是指在炉内压力小于大气压的条件下进行的烧结，起始于20世纪30年代，发展成熟于20世纪60年代。真空烧结的主要特点是：利于气体从烧结体内排除；利于氧化物还原；对有气体参加的反应，可使其平衡向反应产物中气体分子数增加的方向移动；减少气相与固相之间的反应，即缩小气体介质的影响；工艺上容易控制[111-113]。用这种方法烧结制备 Ti（C，N）基金属陶瓷时，烧结温度一般要在1450 ℃左右，最高温度保温时间在0.5 h以上，烧结致密所需要时间为12 h左右。

真空烧结炉主要由加热炉炉体、充气系统、真空系统、测控系统、水冷系统等五部分组成，常见的ZL-90Ⅱ型真空烧结炉结构如图6.4所示[114]。

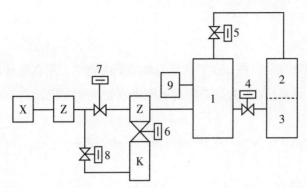

X—机械泵；Z—罗茨泵；K—扩散泵；1—真空炉室；2—鼓风机；3—热交换器；

4，5—耐高温真空阀；6—主阀；7—真空阀；8—前置阀；9—真空检测计

图6.4　ZL-90Ⅱ型真空烧结炉结构示意图

6.4.5　测定液相点

用 Perkin-Elmer DTA 1700 型差热分析仪，对成分为 30%TiC-10%TiN-12%WC-35%Ni-9%Mo-2%Co-1%C+其他添加剂的超微粉试料，作连续加热条件下的差热分析（DTA），来确定烧结时液相点出现的温度，加热速度为 20 ℃/min，用氩气作保护。图6.5所示为硬质相TiC、TiN、WC为超微粉时金属陶瓷试料的差热分析（DTA）曲线。

Ti（C，N）基金属陶瓷粉末在升温过程中，700 ℃以下化学反应是 C + O→CO[115]，在700～1000 ℃范围内，主要的化学反应为 C + Mo→Mo₂C[116]。

由图6.5可知，在1318 ℃左右出现一个明显的吸热峰，标志着金属相开始熔化，即为液相点。文献［71］对硬质相为微粉的金属陶瓷粉末进行了DTA分析，液相点为1365 ℃，说明金属陶瓷粉末的液相点温度随着粉末粒度的减小而降低。

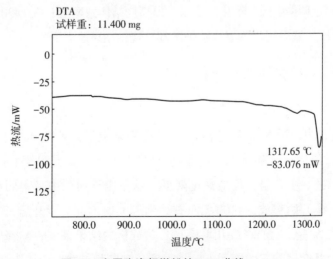

图6.5　金属陶瓷超微粉的DTA曲线

6.4.6 烧结工艺

将试样坯脱脂处理后，在25 kW的真空烧结炉内烧结，用真空计记录烧结过程中的真空度变化情况。图6.6所示为细晶粒金属陶瓷真空烧结工艺及真空度、温度与时间的变化关系。

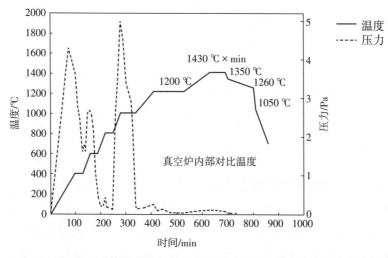

图6.6 细晶粒金属陶瓷真空烧结工艺及真空度、温度与时间的变化关系

具体工艺为：将试样放入烧结炉内抽真空，真空度达到0.7 Pa时开始加热，随着温度的升高，炉内真空度快速下降，在400，600，800 ℃保温，便于真空度恢复；在850 ℃以下，传热以对流为主，因在真空炉中几乎没有空气对流，故保温有利于试样的温度一致，可减小温度梯度在试样内部产生的热应力；在1000 ℃保温，利于试样内部气体的挥发，提高炉内的真空度；在1220 ℃左右保温，为固相烧结阶段，主要是在出现液相前，使气体尽可能地挥发、排除，提高烧结体致密度；在1430 ℃下保温30分钟，为液相烧结阶段。然后逐步降温、随炉冷却，烧结结束。

6.4.7 细晶金属陶瓷的测试分析

（1）组织与成分分析。

在烧结过程中，随着温度的升高，首先是粉末吸附的氧气与游离碳、碳化物中的碳化合生成CO，反应速度随着温度的升高逐渐加快[118-123]，升温至1000 ℃时，反应速度达到最大值，进一步升温，反应速度降低，这是由于粉末中吸附的氧已大为减少；在1200 ℃左右，N_2开始释放，1300 ℃左右达到最大值，进一步升温，N_2释放速率逐渐减小，在1400 ℃左右，N_2的释放几乎停止。热分析的结果证实，N_2释放速率的最低点就是Ti（C，N）基金属陶瓷的液相点。当温度达到液相点时，金属陶瓷典型的芯–壳结构形成加快，壳的形成阻断了含氮的芯与液相之间的扩散通道；同时，烧结体致密度也加大，导致N_2的释放速率急剧降低。

图6.7所示为用超微粉制备金属陶瓷烧结温度与X射线衍射谱的关系。

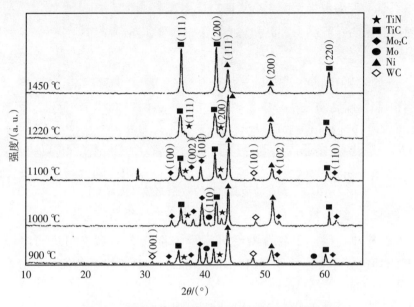

图6.7 金属陶瓷烧结温度与X射线衍射谱的关系

由图6.7可见，不同温度下各相的X射线衍射强度与其数量成正比。Mo的含量随着烧结温度的升高，逐渐减少，升温至1100 ℃时，Mo完全消失。Mo_2C在900 ℃以前就开始生成，温度为900～1000 ℃时，Mo_2C的量增加得很明显，继续升温，Mo_2C的量开始减少。结果表明：当温度为1000 ℃以下时，主要的相变为C+Mo→Mo_2C[116]，即一部分Mo和C化合生成了Mo_2C。当温度为1100～1200 ℃时，Mo_2C、WC、TiN的含量显著减少，它们向TiC和黏结相Ni中固溶；Mo_2C、WC的溶解速度最快，当温度为1220 ℃时几乎全部消失，随着温度升高，上述各相继续溶解；TiN的溶解速率最慢，当温度为1450 ℃时完全消失；Ti（C，N）与Ni形成固溶体的含量随着烧结温度的升高不断增加。

无论是在固相烧结阶段还是在液相烧结阶段，金属黏结相Ni都是其他元素扩散的传输介质。试样烧结时，经过固-液反应后，显微结构主要由四个部分组成：未反应的碳化物和氮化物；液相金属沿晶界渗透的扩散区（碳化物和氮化物原子向金属相扩散，金属原子沿晶界向碳化物、氮化物迁移）；反应区（部分碳化物、氮化物溶于金属相，然后以复杂碳氮化物形式析出）；金属区（冷却时，金属相凝固，部分碳氮化物在金属相中以复杂化合物形式重新沉淀析出）。由于不同的碳化物、氮化物在金属相Ni和Co中有不同的溶解度，所以，在烧结中存在着选择性溶解和选择性重新沉淀析出的现象：W、Mo的碳化物在金属相Ni和Co中优先溶解，重新析出时优先析出。

图6.8所示是烧结温度为1430 ℃时，细晶粒金属陶瓷试样的SEM形貌。

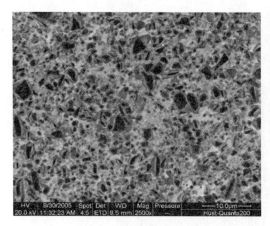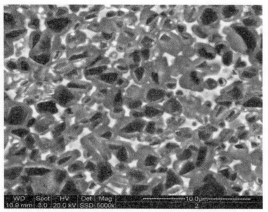

(a) 细晶粒金属陶瓷的SEM形貌（2500×）　　　(b) 细晶粒金属陶瓷的SEM形貌（5000×）

图6.8　细晶粒金属陶瓷的SEM形貌（1430 ℃）

由图6.8可见，细晶粒Ti（C，N）基金属陶瓷的组织结构为典型的芯-壳结构，并有黑色、白色两种芯部。多数为黑色的芯部（core）外包覆着白色的内环相（inner rim），内环相外包覆着灰色的外环相（outer rim）；少数为白色芯部外包覆着灰色的环形相。

形成黑色芯部的原因是：随着温度升高，WC、Mo、TiC等相互发生扩散，对于较大的TiC颗粒，在液相出现之前，未完全溶解，成为黑色的芯部；当液相出现后，随着溶解—析出现象的进行，在黑色芯部周围形成一层白色的（W，Mo，Ti）C内环相；继续升温，TiN分解，产生的N替代部分C，形成灰色的（W，Mo，Ti）（C，N）外环相。

形成白色芯部的原因是：在液相出现前，由于WC、Mo、TiC等相互发生扩散，较细的TiC颗粒完全溶解，形成固溶的白色（W，Mo，Ti）C初始芯部；随温度升高出现液相时，会在初始芯部表面继续析出一层白色的（W，Mo，Ti）C，其与初始芯部的结构差别较小，共同组成白色的芯部；继续升温，TiN分解而产生的N替代部分C，可在芯部表面形成灰色的（W，Mo，Ti）（C，N）包覆层。

由于硬质颗粒大部分相对较粗，形成的组织结构以黑色芯部的芯-壳结构为主，如图6.8所示。在背散射电子形貌图中，平均原子序数较大的呈现白色，而平均原子序数较低的呈现黑色。

另外，烧结体组织也受到烧结前粉末粒度影响[124-128]，硬质相在金属相中的溶解度与颗粒尺寸有关[129-134]，一般粉末越细小，烧结后组织越细小，烧结体硬度和抗弯强度越高。不同尺寸的硬质相颗粒在液相中的溶解度遵循Thomsorr-Freudish公式[135]，见式（6-1）。

$$\ln\frac{C_r}{C_\infty} = \frac{2M\gamma_{sl}}{RT\rho r} \qquad (6-1)$$

式中，C_r——半径为r的小颗粒的溶解度；

C_∞——大平面溶解度；

M——摩尔质量，g·mol^{-1}；

γ_{sl}——液固界面张力，J·m^{-2}；

r——颗粒半径，μm；

R——摩尔气体常数，8.314 J/(mol·K)；

T——温度，K；

ρ——固相密度，g·cm^{-3}。

从式（6-1）可知，小颗粒硬质相在液相中的溶解度大于大颗粒的溶解度，随着硬质相颗粒尺寸减小，它在金属相中的溶解度增大。图6.9所示为细晶 Ti（C，N）基金属陶瓷各相成分能谱分析（EDX）。

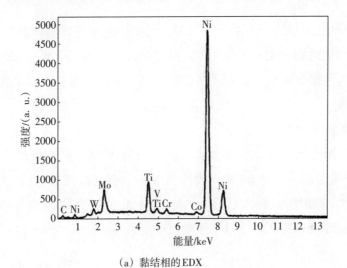

（a）黏结相的EDX

（b）包覆相的EDX

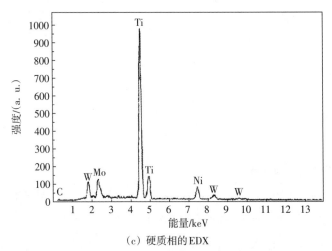

（c）硬质相的 EDX

图 6.9　细晶 Ti（C，N）基金属陶瓷各相成分能谱分析（EDX）

由图 6.9 可见，黏结相主要元素为 Ni，其中溶解了一定量的 Mo、W、Ti 等合金元素；包覆相和硬质相中主要元素为 Ti，存在 Mo、W、Ni 等元素。综合能谱分析可知，颜色较亮的内环含 W 较高，外环含 W 次高，黑色芯部 Ti 含量最高，白色的黏结相中含 Ni 量最高。

（2）抗弯强度与硬度。

图 6.10 所示为 Ti（C，N）基金属陶瓷不同 Mo 质量分数的硬度变化曲线，由图可见：当 Mo 质量分数含量为 6% 时，硬度出现一个峰值；当 Mo 质量分数含量为 9% 时，其硬度最低；继续增加 Mo 质量分数含量，当 Mo 质量分数含量为 15% 时，硬度值最高。当烧结温度为 1430 ℃时，抗弯强度及硬度最高。

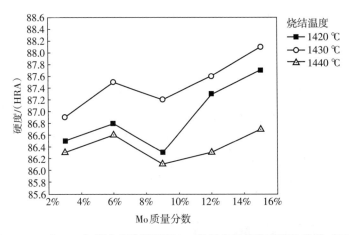

图 6.10　Ti（C，N）基金属陶瓷不同 Mo 质量分数的硬度变化曲线（HRA）

图 6.11 所示为 Ti（C，N）基金属陶瓷不同 Mo 质量分数的抗弯强度变化曲线。由图可见，随 Mo 质量分数增加，抗弯强度呈抛物线形变化，当 Mo 质量分数为 9% 时，抗弯

强度值达到最高。

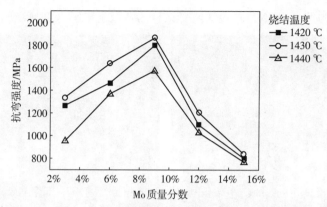

图6.11　Ti（C，N）基金属陶瓷不同Mo含量的抗弯强度变化曲线

（3）密度。

根据阿基米德原理测定试样烧结体密度，在分析天平上分别称量出各试样在空气和蒸馏水中的质量，并计算试样的密度：

$$m_1 = \rho V - \rho_{空气} V \tag{6-2}$$

$$m_2 = \rho V - \rho_{水} V \tag{6-3}$$

利用式（6-2）、式（6-3）得到式（6-4）：

$$\frac{m_1}{m_2} = \frac{\rho - \rho_{空气}}{\rho - \rho_{水}} \tag{6-4}$$

整理，得到式（6-5）：

$$\rho = \frac{m_1 \rho_{水} - m_2 \rho_{空气}}{m_1 - m_2} \tag{6-5}$$

式中，m_1，m_2分别代表试样在空气、水中的质量。在三种不同烧结温度下的密度如图6.12所示，其中在1430℃烧结试样最致密，这与1430℃下烧结试样的抗弯强度最高相一致。

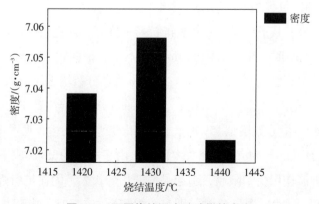

图6.12　不同烧结温度下试样的密度

（4）SEM分析。

图6.13所示为Ti（C，N）基金属陶瓷试样的背散射电镜（SEM）形貌。

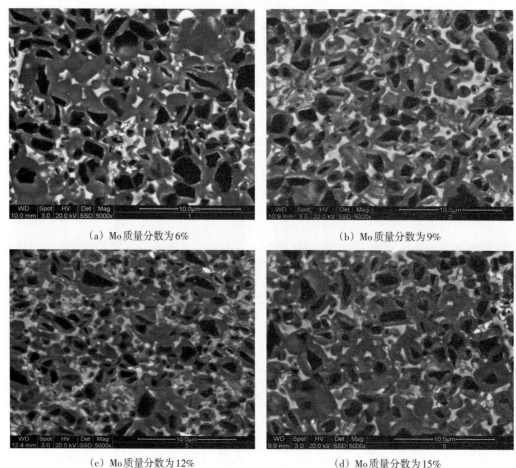

（a）Mo质量分数为6%　　　　　　　　（b）Mo质量分数为9%

（c）Mo质量分数为12%　　　　　　　　（d）Mo质量分数为15%

图6.13　不同Mo质量分数金属陶瓷在1430 ℃烧结的显微组织（SEM）

由图6.13可见，其组织结构为典型的芯-壳结构，多数为黑色的芯部外包覆着白色的内环相，内环相外包覆着灰色的外环相；少数为白色芯部外包覆着灰色的包覆相。随着Mo质量分数增加，包覆相变厚。

包覆相属脆性相，其平均厚度对材料的抗弯强度有非常重要的影响[136-139]。

Mo质量分数为6%时，由于有限的Mo形成不了完整的包覆结构，对晶粒长大的抑制作用小，形成的组织结构见图6.13（a）；当Mo质量分数增至9%时，形成的包覆相变得较完整，且厚度适中，见图6.13（b）；当Mo质量分数增至12%时，包覆相增厚，见图6.13（c）；当Mo质量分数增至15%时，包覆相厚度特别发达，见图6.13（d）。

文献［140］证实：当Mo质量分数太低时，由于有限的Mo形成不了完整的包覆结构，晶粒的长大抑制作用受到限制，引起晶粒非均匀长大，因而抗弯强度不高；当包覆层已经形成后继续增加Mo质量分数，即Mo质量分数较高时，内环相与外环相同时增加，形成的包覆层过大，组织中的晶粒长大，从而使抗弯强度下降。

（5）断口形貌。

图6.14所示为 Mo 质量分数9%和12%的试样分别于1420，1430 ℃真空烧结时的断口形貌。

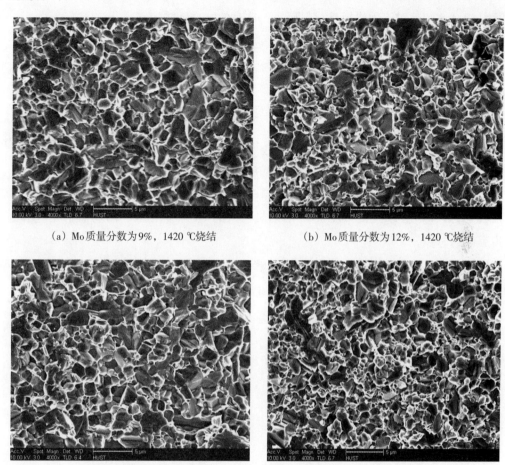

（a）Mo质量分数为9%，1420 ℃烧结 　　　（b）Mo质量分数为12%，1420 ℃烧结

（c）Mo质量分数为9%，1430 ℃烧结 　　　（d）Mo质量分数为12%，1430 ℃烧结

图6.14　不同 Mo 质量分数的金属陶瓷在不同烧结温度下的断裂形貌

由图6.14可见，金属陶瓷试样的断口为脆性断口，断裂以沿晶断裂为主，裂纹源主要是气孔、硬质相大颗粒以及黏结相镍池等。将图6.14（a）、图6.14（c）分别与图6.14（b）、图6.14（d）相比较，从不同烧结温度下试样的断口形貌中可见：在1420 ℃烧结的试样撕裂棱不明显，存在晶粒不均匀现象；在1430 ℃烧结的试样具有较发达的撕裂棱，且晶粒较均匀，断口形貌的整体层次感强，可以观察到黏结相的塑性变形，并存在晶粒长大现象。由于金属陶瓷包覆相、硬质相大颗粒及黏结相镍池之间的切变模量相差较大，即使作用于试样的应力低于临界断裂应力，包覆相、硬质相大颗粒、黏结相镍池以及微孔之间的界面也会萌生裂纹，成为断裂源，导致材料在较低的应力下发生脆性断裂，使材料的塑性和韧性降低[141-143]。随着晶粒的细化，晶粒中缺陷出现的概率减小，

晶粒的强度相对提高，使得穿晶断裂减少，沿晶断裂增多。裂纹沿着黏结相与硬质相的界面扩展时，晶粒的细化延长了裂纹的扩展路径，提高了裂纹扩展时消耗的能量，同时，由于更细小晶粒的钉扎作用，裂纹偏转而增韧。

综上所述，当Mo质量分数为9%，在1430℃烧结时，材料的抗弯强度为1867 MPa，硬度为HRA 87.2，对于用作模具材料而言，这时的综合性能较好。

综上，细晶粒Ti（C，N）基金属陶瓷制备的技术要点为：

（1）金属陶瓷粉末的液相点温度随着粉末粒度的减小而降低，粉末越细，液相出现的时间越早。

（2）在烧结过程中，随着温度升高，组成相的化学成分不断地发生变化：在固相烧结阶段，Mo_2C、WC完全溶入TiC和Ni中，在液相烧结阶段，TiC在Ni中的溶解量明显增加，TiN分解，Ti（C，N）形成，富Mo、富W包覆相的析出速度加大。

（3）细晶粒Ti（C，N）基金属陶瓷的组织结构为典型的芯–壳结构，有黑色、白色两种芯部；大部分为黑色芯部，形成原因是较大的TiC颗粒在液相出现前未完全溶解，成为黑色的芯部。

（4）黏结相的主要元素为Ni，其中溶解了一定量的Mo、W、Ti等元素；包覆相和硬质相的主要元素为Ti，并存在Mo、W、Ni等元素。

7 Ti(C，N) 基金属陶瓷梯度材料的制备

随着研究的深入，Ti（C，N）基金属陶瓷在成分设计、组织控制、制备技术等方面都取得了明显的进步。近年来的研究结果表明：TiC-TiN-WC-Ni-Mo 系已成为 Ti（C，N）基金属陶瓷稳定的基本组成成分，其组织特征具有典型的"芯-壳"结构，力学性能优势明显。目前的研究主要从均质材料设计原理出发，利用经典而有效的 Hall-Petch 细晶强化理论、纤维强化理论等，对材料的成分、组织、性能、制备工艺等方面进行优化，在基体强化研究方面已取得明显成效。但是，在高温服役时表面易萌发裂纹的性能缺陷依然没有很好地解决，韧性低与耐热疲劳性能不足的关键技术问题依然突出。探究其原因在于：Ti（C，N）基金属陶瓷作为多相复合材料，热应力的产生主要是由于各组成相之间的热膨胀系数不同，由于相与相之间存在界面，热作时的温差使得相界面处不可避免地因膨胀系数不同而产生热应力，在热应力、组织应力及机械应力的叠加作用下，表面萌发热疲劳裂纹，引发早起失效。所以，提高 Ti（C，N）基金属陶瓷材料韧性与抗热疲劳能力的根本途径在于缓解热应力，避免应力集中。

针对 Ti（C，N）基金属陶瓷韧性低、热疲劳性能不足的关键技术问题，本章提出从非均质材料设计理念出发，根据 Ti（C，N）基金属陶瓷的化学成分与界面结构特点，充分利用基本组成相的物理、化学及热力学性质，采用气氛热等静压方法，在 Ti（C，N）基金属陶瓷表面原位制备梯度结构材料。例如，制备高温性能优异的梯度 TiN 硬质薄膜，发挥 TiN 硬质薄膜高强、高硬、高耐磨的性能优势，有利于提高 Ti（C，N）基金属陶瓷的耐热疲劳性能，促进 Ti（C，N）基金属陶瓷关键技术问题的解决。目前 Ti（C，N）基金属陶瓷梯度材料的制备方法主要有：气氛热等静压氮化处理法、活性离子渗镀法及等离子活化热等静压法。

7.1 气氛热等静压氮化处理法

气氛热等静压氮化处理法（atmospheric hot isostatic pressing nitriding, HIP-Nitriding）是热等静压处理（hot isostatic pressure，HIP）与气氛氮化处理（atmospheric nitriding treatment，ANT）相结合的梯度薄膜制备方法，其充分利用了热等静压法的高温、高压作用获得材料的致密化，同时利用高温使氮气分子发生热分解而产生氮原子，通过扩散反应在热等静压过程中制备表面梯度材料。

HIP是以气体作为压力介质，使材料在加热过程中经受各向均衡的压力作用而使材料致密化。HIP技术最显著的特点是高温高压，由于采用了高压，能够消除硬质合金制品内部的孔隙、疏松、缩孔甚至微裂纹等缺陷。同时，可使加工件所需要的烧结温度大大降低（最多可降低10%~15%），并使处理后的材料仍保持细晶粒的晶体结构，提高制品的综合性能。如果采用氮气作压力介质，还可以对材料进行氮化处理，使其成分由材料表面向材料内部产生梯度，获得功能梯度材料，从而显示出热等静压技术在粉末冶金或陶瓷冶金方面的优势。

热等静压装置配有一个高压容器，并用高压惰性气体作用于加工件的表面。图7.1所示为热等静压装置示意图。由图中可见，热等静压装置主要由压力容器、气体增压设备、加热炉和控制系统等几部分组成。其中压力容器部分主要包括密封环、压力容器、顶盖和底盖等，气体增压设备主要有气体压缩机、过滤器、止回阀、排气阀和压力表等，加热炉主要包括发热体、隔热屏和热电偶等，控制系统由功率控制、温度控制和压力控制等组成。现在的热等静压装置主要趋向于大型化、高温化和使用气氛多样化，因此，加热炉的设计和发热体的选择显得尤为重要。目前，HIP加热炉主要采用辐射加热、自然对流加热和强制对流加热三种加热方式，其发热体材料主要是Ni-Cr、Fe-Cr-Al、Pt、Mo及C等。

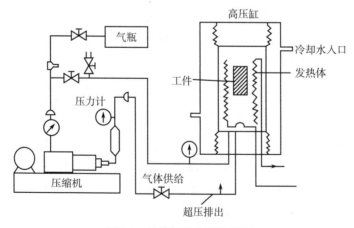

图7.1　热等静压装置示意图

图7.2所示为热等静压炉炉体剖面示意图[144]。热等静压炉由炉体内的电阻加热炉提供热等静压所需的热量，加热炉外的隔热层用于保护容器壁。因温度、压力、时间这三个工艺参数在热等静压过程中均可调整控制，从而可制取高密度的产品。在高压作用下，炉内气体具有非常高的密度，可以像液体一样渗透到加工件内部，促使完成烧结体

致密化过程，经过热等静压处理后，工件外观可保持不变。

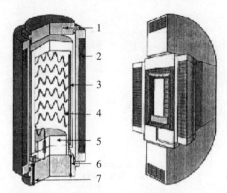

1—端盖；2—预应力钢丝缠绕缸体；3—隔热层；4—加热体；

5—工作负荷支撑体和炉底隔热层；6—热电偶引线；7—电源引线

图7.2　热等静压炉炉体剖面示意图

7.1.1　热等静压试样预处理

热等静压处理前试样的预处理是否良好是影响镀层质量的主要因素。热等静压处理前试样的预处理工艺为：各道金相砂纸抛磨→去油污→丙酮（或无水乙醇）超声清洗→清水超声清洗→去离子水超声清洗，其中，去油污采用10%（质量浓度）的HCl清洗15 min。

7.1.2　热等静压氮化处理工艺

通过对Mo含量不同的Ti（C，N）基金属陶瓷的研究结果发现：Mo质量分数为9%、1420 ℃的真空烧结试样（S3）的综合性能较好，在美国ABB公司RQIH-6型热等静压炉中对此真空烧结试样的热等静压处理，用氮气作烧结气氛，气压为150 MPa，在1000 ℃下保温3 h。图7.3所示为细晶Ti（C，N）基金属陶瓷真空烧结工艺曲线，图7.4所示为热等静压氮化处理工艺曲线。

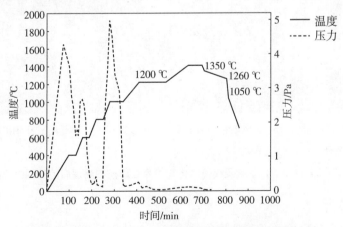

图7.3　细晶Ti（C，N）基金属陶瓷真空烧结工艺曲线

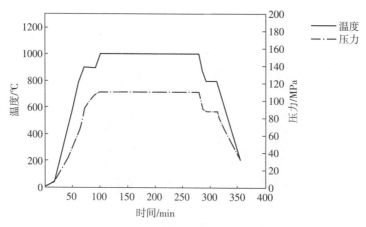

图7.4　热等静压氮化处理工艺曲线

7.1.3　分析测试

用Olympus PMG3显微镜获取表面组织照片，放大倍数为1000倍。孔隙度照片放大倍数为200倍。用HXS-1000AK显微硬度计测量试样的硬度，测试时所加载荷为200 g。用TG328A分析天平测量试样的质量，分析天平的最小分度值为0.1 mg。用X'Pert PRO型X射线衍射仪对材料处理前后的物相进行分析。用带有能谱的JXA-8800R电子探针对主要元素进行线分析，其工作电压为15 kV。

（1）外观变化。

试样通过热等静压处理后肉眼可见最明显的变化是外观颜色的改变。图7.5所示为Ti（C，N）基金属陶瓷试样与刀片处理前和处理后的外观色泽对比。由图可见，处理前表面呈金属的光泽；处理后发现表面呈现金黄色，平整而光滑，几乎没有变形。

（a）Ti（C，N）基金属陶瓷试样　（b）金属陶瓷刀片HIP氮化处理前的　（c）金属陶瓷刀片HIP氮化处理后的外观
　　HIP氮化处理前后外观对比　　　外观

图7.5　Ti（C，N）基金属陶瓷试样与刀片处理前和处理后的外观对比图

（2）XRD分析。

为了确定表面新形成的金黄色物质的物相，对热等静压处理前后的试样做了X衍射

物相分析，衍射角为20°～80°。其结果如图7.6所示，发现未处理试样的衍射峰主要为Ti（C，N），它是基体的物相，而处理后多了一些其他衍射峰，通过标定分析确定其为TiN。有文献报道，在氮气氛中处理过的TiC或Ti（C，N）基金属陶瓷会在表面形成一层金黄色的纯TiN膜，此膜能够将车刀和铣刀的使用寿命分别提高30%和100%，而此处理过程不会引起陶瓷材料的抗弯强度和韧性的下降，TiN薄膜的形成能够阻止裂纹向内部扩展，从而大大提高材料的使用寿命。

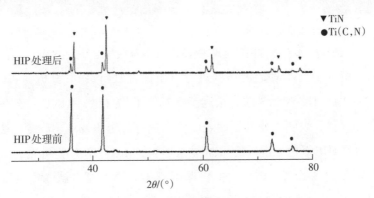

图7.6　热等静压表面处理前后材料的衍射图谱

（3）组织分析。

图7.7所示为氮化处理前后金属陶瓷微观组织形貌与空隙变化对比。由图7.7（a）与图7.7（b）的对比可见，金属陶瓷热等静压处理后不但表面颜色发生了变化，而且发生变化的表层区域有一定的深度，最厚的地方大约为4 μm。各处厚度稍有不同，这可能是表面在微观上不能绝对平整导致的。图7.7（c）、图7.7（d）为热等静压处理前后材料内部的孔隙度分布状况。由图7.7（c）与图7.7（d）的对比可见，通过热等静压处理，材料变得更加致密，尺寸较大的孔洞闭合或者消失。这是因为热等静压以高温高压气体作为压力介质，使材料在加热过程中经受各向压力均衡，从而促使空隙闭合完成试样的致密化。

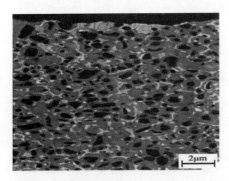
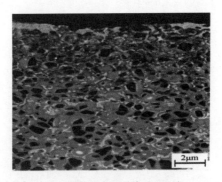

（a）氮化前组织形貌（×1000）　　　　　　（b）氮化后组织形貌（×1000）

（c）氮化前孔隙状态（×200）　　　　　　（d）氮化后孔隙状态（×200）

图7.7　氮化处理前后金属陶瓷微观组织形貌与空隙变化对比

对气氛热等静压氮化处理后的试样进行电子探针（EPMA）分析，实验结果表明：在表层5 μm微区内，Ti、N元素的含量远高于基体平均含量，W、C元素在表层的含量远低于基体平均含量，表明氮化处理使表层化学成分与组织发生了改变。图7.7（b）为真空烧结试样再经HIP氮化处理后的SEM显微形貌，由图7.7（b）可见，氮化处理后表层显微组织明显比内部致密，试样内部仍保持Ti（C，N）基金属陶瓷典型的"芯-壳"结构，这与图7.8密度呈梯度分布的测试结果相一致。

Ti（C，N）基金属陶瓷经氮化处理后表层为TiN单相。由图7.7可见，TiN由试样表面向内部缓慢减少。TiN薄膜具有硬度高、耐磨、耐热及耐蚀等特性[145-147]，作为硬质薄膜广泛应用于高级涂层刀具。TiN薄膜具有面心立方晶体结构，由金属键、共价键及离子键混合而成，同时具有金属晶体和共价晶体的特性[148-153]，属于间隙相，熔点高达2955 ℃，理论硬度达21 GPa，且高温强度高，导热性好[151-155]。所以，TiN薄膜是理想的金属切削刀具涂层材料。

（4）密度。

图7.8所示为热等静压处理后的试样密度变化。

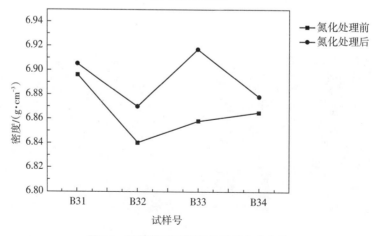

图7.8　热等静压处理后的试样密度变化

从图7.8中5个试样处理前后的密度变化曲线可以明显看出，通过热等静压处理后的密度有一定的增加。这是由于高压惰性气体和高温的共同作用，有效地去除了材料内部空隙。硬质合金经HIP处理后，其孔隙度比常规粉末冶金烧结的合金低$1/100 \sim 1/20$[156-157]。孔隙的去除使材料表面的气孔和表面缺陷（如裂纹）得以愈合，从而使材料变得致密，密度增大。这也可从图7.7中的孔隙照片得到验证。处理之后的材料中的孔隙大大减少。这与HIP高温高压处理之后许多大的孔洞闭合或消失有关。

（5）显微硬度。

图7.9所示为金属陶瓷经过真空烧结后与HIP氮化处理后的表面硬度变化对比。由图可见，氮化后表面硬度有了较大幅度的提高。原因在于试样在高温高压的作用下提高了试样的致密程度，有效消除了试样内部的空隙程度，并在HIP氮化处理过程中形成了很强的冶金结合。气孔的消失或减少使试样更加均匀细致，表现在试样表面显微硬度上有较大的提高，从而提高了材料的耐磨性能，对于提高金属陶瓷刀具材料使用寿命有着重要意义。

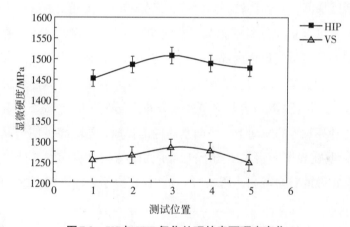

图7.9 VS与HIP氮化处理的表面硬度变化

图7.10所示为HIP氮化处理后由表及里显微硬度的分布。表面显微硬度最高，向内部逐渐降低，直到接近基体硬度，形成了由表及里呈梯度分布。其原因在于：在高温与高压N_2的共同作用下，一方面引起表面的成分与组织发生改变；另一方面，由于材料客观存在非理想弹性与非完全致密等因素，材料由外向内的实际形变抗力将逐渐增大，材料内部相应地会抵消掉更多的由表面传递来的压力，使得材料内部实际承受的压力小于表面，即材料表面承受的有效压力最大，表层相对于内部也更为致密。硬度呈梯度分布，使得材料表面因高硬度而具有良好的耐磨性；硬度分布由表面向内部依次降低，最终趋于基体硬度，使基体保持"芯-壳"结构所具有的良好性能。从整体上看，材料性能配合趋于"外硬内韧"，能够更好地适应热作模具的工况条件，延长材料使用寿命。

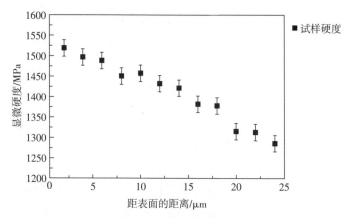

图7.10　HIP氮化处理后由表及里的显微硬度变化

（6）TiN梯度硬质薄膜形成机理。

Ti（C，N）基金属陶瓷试样进行N_2气氛热等静压氮化处理时，在高温、高压作用下，表层的Mo元素对N_2具有活化裂解作用，试样表面的N活度高于试样内部，存在从表层到内部的活度梯度，并保持较高的氮势，高氮势驱动N元素由试样表面向基体内部扩散，并且N元素可以从N_2气氛中源源不断地获得供给。文献［158］的热力学计算表明：表层区域的Ti活度低于试样内部、Ti元素与N元素的亲和力强，两者共同驱动Ti元素由基体内部向表面扩散。经过一定时间后，Ti、N元素富集于试样表层，经扩散反应原位形成TiN物相，并且TiN由表及里呈梯度分布；同时，由于Mo、W等元素与N元素不亲和，在高压和高N势的驱动下，将向基体内部扩散，这也将促使Ti元素向试样表面扩散，促进Ti元素在表层的富集。图7.11所示为碳氮化合物元素含量与氮活度之间的关系。由于固态扩散的势垒较高，所以TiN物相仅富集于表面下数十微米的表层区域。

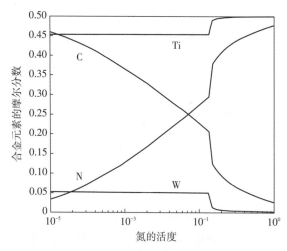

图7.11　碳氮化合物元素含量与氮活度之间的关系

EPMA与SEM的测试结果表明：TiN在表层富集，呈梯度分布，并在试样表面形成金黄色的 TiN 硬质梯度薄膜，TiN 薄膜的外观如图 7.5（a）中的 3 号试样所示。由于该 TiN 硬质薄膜为梯度单相硬质薄膜，在该薄膜区域内，没有明显的相界面，这就使得热应力在表层难集中，从而有效抑制了表面裂纹萌发，提高了耐热疲劳性能，并且 TiN 梯度薄膜与基体的结合强度高，能够更好地发挥 TiN 的高强、高硬、高耐磨的固有特性，提高了材料的使用性能。

综上，热等静压法制备的 Ti（C，N）基金属陶瓷梯度材料具有以下特点：

（1）利用热等静压技术可以制备功能梯度材料，热等静压的高温、高压作用在表面形成了一层金黄色的薄膜，大约 4 μm 厚，XRD 分析发现其物相为 TiN。

（2）采用气氛热等静压氮化处理，能够在表层形成 TiN 梯度硬质薄膜，该薄膜的显微硬度在试样表层呈梯度分布，并且孔洞消除或闭合以及微裂纹的减少使材料的密度有所增加，同时晶粒的细化使金属陶瓷材料的韧性得到明显的提高，这对于提高陶瓷刀具的寿命具有实用价值。

（3）含 N_2 气氛的热等静压处理使 Ti（C，N）基金属陶瓷表面硬度大幅度提高，并且从表面到内部形成了硬度梯度，形成热应力缓释层。热力学计算结果表明：TiN 梯度硬质薄膜形成的驱动力是 HIP 氮化处理的高氮势，以及 Ti 元素与 N 元素之间的强亲和力。

7.2　活性离子渗镀法

活性离子渗镀法是利用等离子体的特性对材料进行表面改性的方法，目前已应用于制备梯度功能材料。

等离子体在形态上是电离的气体，本质上是由大量非束缚态带电离子组成的多粒子系统。等离子体的离子构成包括：基态原子（或分子）、激发态原子（或激发态分子）、正离子、电子、光子等。由于带正电的离子和带负电的电子是在电离过程中由中性粒子成对产生的，因此整个等离子体中的正负电荷数量相等，整体呈现准电中性。等离子体具有温度高、化学活性高、导电、与电磁场相互作用及准电中性等特点。

活性离子渗镀法正是利用等离子体的高能量密度、高化学活性、高电磁相互作用等特点，通过等离子体流在材料表面形成元素的高化学势区域，在化学势的驱动下通过扩散由表及里地形成特定元素的非均质分布，即形成材料的表层梯度结构。活性离子渗镀法利用荷能粒子流的轰击可以提高沉积薄膜的结合力、薄膜致密性，降低残余应力及在反应沉积过程中增加化学反应的活性等。

活性离子渗镀法与普通的气体渗镀法的显著区别是：气体渗镀法的活性原子（如氮原子）的产生是靠气体分子的热分解来实现的，需要将介质加热到一定温度。而活性离子渗镀法的活性原子（如氮原子）是在外加电场作用下由高能电子与氮分子和氮原子高速碰撞而获得的，反应过程如下：

（1）电子与气体分子高速碰撞，使气体分子分解成原子，见式（7-1）。

$$e + N_2 \rightarrow 2N + e \tag{7-1}$$

（2）电子与原子高速碰撞，产生正离子并释放电子，见式（7-2）。

$$e + N \rightarrow N^+ + 2e \tag{7-2}$$

活性离子渗镀法的上述反应过程主要受气体成分、工作压力以及各种电参数的影响，与温度的关系不大，也就是说低温仍然能产生活性氮原子，形成活性氮原子后，氮沉积到工件表面，再从工件表面扩散到内部，但活性氮原子在扩散转移中的部分机理尚存在争议。

目前，利用等离子体制备梯度材料的主要方法有：多弧离子镀、空心阴极放电离子镀、脉冲高能量密度等离子体法及活性屏等离子氮化处理法。

7.2.1 多弧离子镀

多弧离子镀（multi-arcion plating，MAIP）是把阴极靶材作为蒸发源，通过阴极靶材与阳极壳体间的弧光放电，将靶材蒸发形成等离子体，等离子体在基体表面沉积形成镀层的方法。图7.12所示为多弧离子镀的工作原理示意图[159]，由弧源电源、靶弧电源、磁场线圈、真空室等组成。阴极为镀膜材料，真空室抽真空至0.1~1.0 Pa，接通电源瞬间将引弧电极与阴极接触并立即分离，在电极分离瞬间，因导电面积迅速缩小，电阻增大，电弧在阴极靶材表面形成不规则移动的弧斑，阴极弧斑的电流密度达$1 \times 10^9 \sim 1 \times 10^{11}$ A/m^2，使阴极靶材表面局部温度快速升高，形成局部高温区，将阴极靶材金属表面原子瞬间蒸发形成1000 m/s的高速等离子流，高能等离子流飞向基材，在基材表面沉积形成镀层[160]。

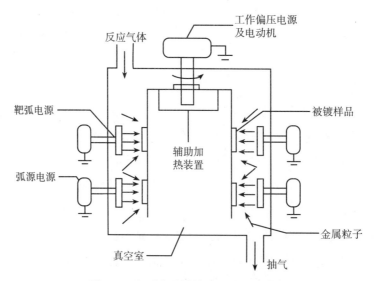

图7.12　多弧离子镀的工作原理示意图

多弧离子镀（MAIP）具有等离子体温度高、能量密度大、工艺稳定性好、可控性强等特点。MAIP的弧光放电与传统离子镀的辉光放电相比，离子能量高，弧光放电形成的弧斑电流密度最高可达1×10^{12} A/m^2，能量密度达1×10^{13} W/m^2，高密度能量将弧斑处的靶材直接从固相激发转变为等离子体[161]，离化率高达60%~80%。MAIP具有蒸镀速率快、镀膜致密、膜层与基体的附着强度高、操控简单等优点，主要用于在硬质合金、高速钢刀具表面制备耐磨镀层，也可在不锈钢制品表面镀制仿金装饰层，是当前TiN镀膜行业广泛采用的主要生产方法[162]。利用MAIP沉积的TiN镀层，镀层平整、致密、附着力大、硬度高，镀层刀具使用寿命长。在MAIP操作工艺上，影响TiN镀层结构、镀层性能的主要因素有：多弧电流、衬底温度、氮气分压及腔体压力等[163]。文献[164]报道，用Ti作阴极，真空室通入N$_2$，当真空室压力为$2 \times 10^{-6} \sim 5 \times 10^{-6}$ Pa时，制备的TiN镀膜硬度为19~26 GPa，能够满足切削对刀具涂层表面硬度的要求。当前，对于MAIP法制备的TiN硬质镀膜，适当降低沉积速率，可有效控制大颗粒对镀膜表面的污染。多弧离子镀工艺参数对镀膜结构与性能的影响，已成为当前的研究热点。

7.2.2 空心阴极放电离子镀

空心阴极放电离子镀（hollow cathode discharge，HCD）是利用空心阴极效应（hollow cathode effect，HCE）这一特殊的放电现象形成的高能等离子体，将靶材在基体表面沉积形成致密镀层的方法。该方法兼有空心热阴极离子束技术与离子镀技术的优点。空心阴极效应（HCE）的基本特征是在真空容器中，两个阴极附近形成阴极位降区，当两阴极之间的距离足够小时，会出现两负辉区叠加而致光强增大。此时，高能粒子的动能也相应增强，导致电子与气体粒子的碰撞次数增多，电离和激发效率快速增高，其电流密度可达普通气体放电电流密度的$10 \sim 10^3$倍；在电离率快速提高的同时，能量在两阴极之间集中，使电极温度快速升高，将靶材蒸发形成高能等离子体。图7.13所示为用于薄膜沉积的直流、射频两用空心阴极等离子体源系统示意图。

利用空心阴极等离子体源系统可实现在基体表面沉积形成致密镀层。图7.14为空心阴极放电离子镀的工作原理图[165]，Ti靶安装在炉体侧壁上；空心阴极枪位于真空室的顶端用于产生离子束，其下方为辅助阳极，工件固定于镀膜架上，镀膜架可公转和自转运动。工作时首先将镀膜室抽真空，再向镀膜室充入Ar，当气体压力达到点燃条件时，用直流高压电引弧，当温度上升到2300 K时，空心阴极辉光放电转变为弧光放电，再切断引弧电源并接通主电源，高能电弧使金属Ti靶表面迅速蒸发，形成等离子流，等离子流以较大能量、较高速度冲击并沉积在工件表面，形成附着力较大的TiN硬质薄膜。

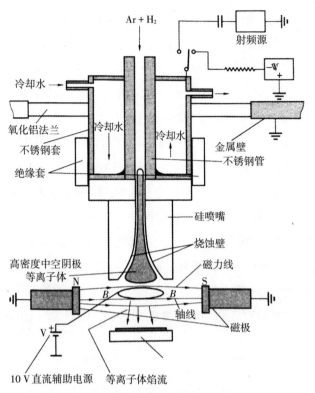

图7.13 直流、射频两用空心阴极等离子体源系统示意图

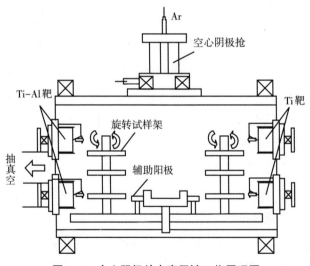

图7.14 空心阴极放电离子镀工作原理图

HCD法的突出特点是：空心阴极枪能在低电压、大电流条件下工作，离化率可达22%～40%，沉积速率较大，能够在不降低沉积速率的同时有效减少大颗粒污染[166]；在0.01～1.00 Pa压力下工作时，具有良好的绕射性，镀膜与基体附着良好。目前已成功应用于装饰、机械加工、真空部件处理等领域。

7.2.3 脉冲高能量密度等离子体法

脉冲高能量密度等离子体法（pulsed high energy density plasma，PHEDP）是近年来出现的硬质薄膜制备方法，具有离子温度高、能量密度大、沉积速率快、能量利用效率高等优点，可用来制备纳米晶或非晶硬质薄膜，且薄膜与基底间存在较宽的混合过渡区，薄膜与基体结合力大，提高了薄膜的硬度、耐磨性及耐蚀性。脉冲高能量密度等离子体的能量密度高达 $1 \times 10^4 \sim 1 \times 10^5 \text{ J/m}^2$，等离子体密度达 $1 \times 10^{23} \sim 1 \times 10^{25}/\text{cm}^3$，其运动速率为 $10 \sim 100 \text{ km/s}$。图 7.15 所示为脉冲高能量密度等离子体工作原理图[167]。脉冲高能量密度等离子体由等离子体鞘层、内电极与外电极、真空室、快速充气电磁阀、样品台等组成。其工作原理为：将真空室抽真空为 $1 \times 10^{-4} \sim 1 \text{ Pa}$，快速充气电磁阀的工作电压为 1.5 kV，先将电容器充电，在内、外电极间形成高压，从同轴腔体充入工作气体时，气体被高压击穿电离，产生强脉冲电流，脉冲电流使内、外电极材料表面蒸发，形成等离子体，将靶材沉积到基体表面。

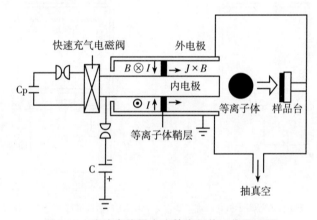

图7.15 脉冲高能量密度等离子体工作原理图

PHEDP法将高能量密度等离子体瞬间作用于靶材表面，引起靶材表面局部瞬间熔化，再急冷凝固，其加热（冷却）速率可达 $1 \times 10^8 \sim 1 \times 10^{10} \text{ K/s}$，在基材表面形成微晶或非晶薄膜。该法可在室温下沉积形成薄膜，沉积效率高，薄膜与基底附着良好，能量利用率远高于传统的 CVD、PVD 制膜法。通过改变电极材料、气体种类及工艺参数，可获得不同种类和性质的等离子体束，在室温制得具有稳态和亚稳态相的硬质薄膜[168]。文献［169］利用 PHEDP 法在 45 钢基材表面制备了以 TiN 为主相的硬质薄膜，该薄膜表面光滑、组织致密、硬度分布均匀，平均硬度接近 25 GPa，厚度为 800 nm，薄膜与基材之间存在较宽的混合界面，薄膜在室温干滑动磨损实验条件下具有优异的耐磨性和良好的减磨性。文献［170］报道，用 PHEDP 法在室温条件下于 WC 基体上沉积了 TiN 薄膜，脉冲等离子体传递的能量高、作用的时间短，使基体表面迅速加热、冷却，通过控制反应条件，在基体表面可形成非晶、微晶薄膜。PHEDP法制备的TiN硬质薄膜硬度高，晶粒尺寸小，镀层均匀，镀膜与基体间有较宽的过渡层，呈现为梯度薄膜特征[171]。该法在硬质薄膜制备上具有良好的应用前景。

7.2.4　活性屏等离子氮化处理法

活性屏等离子氮化处理法是为了克服等离子体氮化处理时易引起的直流等离子渗氮打弧、边缘效应、空心阴极效应等工艺缺点而开发的等离子氮化处理新技术。等离子氮化处理产生工艺缺陷的根本原因在于待处理工件本身是等离子发生系统的组成部分。等离子体产生于工件表面附近空间，带正电的离子经过加速轰击到工件表面，因此产生渗氮打弧、边缘效应、空心阴极效应等工艺缺点。如果等离子的产生能独立于工件之外，则有望克服直流等离子渗氮时的多种工艺缺点。1999年，卢森堡的J. Georges发明了活性屏等离子氮化处理技术（active screen plasma nitriding，ASPN）。图7.16所示为普通直流等离子渗氮与活性屏等离子渗氮设备示意图。

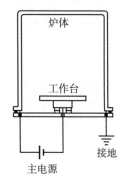

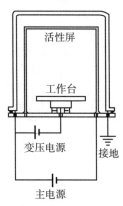

（a）普通直流等离子氮化处理　　　　　（b）活性屏等离子氮化处理

图7.16　普通直流等离子渗氮与活性屏等离子渗氮设备示意图

普通直流等离子氮化处理设备的炉体为阳极，工件为阴极。活性屏等离子氮化处理设备比普通直流等离子氮化处理设备增加了一个由金属丝结成的网状金属屏，在进行等离子氮化处理时炉体为阳极，金属屏为阴极，工件处于浮动电位或接较小功率的直流负偏压，置于金属屏内部悬浮。活性屏等离子氮化处理的工作原理是：将高压电源的负极接在真空室内金属屏上，被处理的工件置于金属屏内，当金属屏接通高压电源后，低压反应室内的气体被电离。在电场的作用下，被激活的气体离子轰击金属屏，使金属屏升温。同时，在离子轰击下金属氮化物微粒不断被溅射出来，以微粒的形式沉积到工件表面，微粒中的氮向试样内部扩散，从而达到氮化处理的目的。在活性屏等离子氮化处理过程中，金属屏同时起到两个作用：一是通过辐射将工件加热到氮化处理所需的温度；二是向工件表面提供金属氮化物微粒。活性屏等离子氮化处理技术的特点是：在渗氮过程中，工件处于悬浮状态，离子轰击金属屏而不是工件本身，与常规等离子渗氮相比，该技术可以处理不同形状的工件，并能消除边缘效应、空心阴极效应等工艺缺点。该技术在改进金属陶瓷梯度材料的等离子氮化处理技术上取得了一定进步，处理后的工件表面质量有所改善，处理工艺等有待进一步研究。

7.3 等离子活化热等静压法

气氛热等静压法在制备 Ti（C，N）基金属陶瓷梯度材料时需要较昂贵的热等静压设备，并且需要高温、高压条件，特别是 120 MPa 以上的高压条件过于严苛而难以实现规模化生产，限制了该项技术的推广。活性离子渗镀法利用等离子体特性来制备金属陶瓷梯度材料，受到等离子体气氛元素、靶材元素、制品化学成分的限制。目前两种方法可应用于梯度薄膜材料的制备，薄膜的形成机理是基于扩散反应[172-173]，扩散速率有限，薄膜厚度仅有 4 μm 左右，微米级的薄膜厚度对于高摩擦、高应力、高温度服役条件的刀具模具来说，实际应用价值有限。

本书从材料成分设计出发，充分利用等离子体的高能量密度与活性，提出高温高压物理条件与预置基体活化元素化学条件相结合的新思路，通过预置气氛分解活化相、制备细基体晶粒、等离子气氛热等静压复合氮化处理的新方法，制备具有梯度结构的热应力缓释层。通过充分利用等离子的高温、高能量密度及高活性，激发靶材元素活性（Ti），协同基体元素中预置的 N_2 裂解活化元素的共同作用，大幅度降低了 N_2 气氛的工作压力，从 120 MPa 以上的高压，降低为 10 MPa 左右；处理时间从 4 h 缩短为 0.5~1 h。大幅降低的高压条件与减少的处理时间，对于工业化规模生产具有重要意义，使得高效制备出具有应用价值的梯度层成为可能。

设计 Ti（C，N）基金属陶瓷基本成分（质量分数）为：TiC-10%TiN-12%WC-35%Ni-（6%~15%）Mo + 其他添加剂。采用粉末冶金流程：混粉→球磨→烘干→掺成型剂→造粒→模压成形→脱脂→真空烧结，制备出细晶 Ti（C，N）基金属陶瓷烧结体试样。

利用等离子渗氮 HIP 装备进行离子活化热等静压复合氮化处理。图 7.17 所示为改造的等离子活化 HIP 渗氮装置示意图，该装置是在蒸

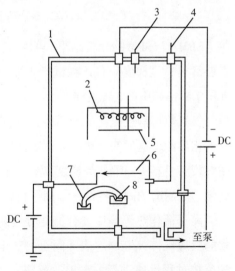

1—真空室；2—加热器；3—热电偶；4—进气口；
5—工件；6—探测极；7—电子枪；8—蒸发源

图 7.17 等离子活化 HIP 渗氮装置示意图

发源和工件之间放入用ϕ2.3 mm的Mo丝绕成的ϕ45 mm的圆环探测极，用探测极作正极，在其上加载25～40 V直流电压，吸引电子束的一次电子和熔融的Ti元素的二次电子，在探测极和蒸发源之间形成等离子场。

蒸镀渗氮前抽真空至6.7×10^{-3} Pa，然后通入0.7～1.3 Pa的高纯N_2，并保持10 MPa的工作压力，工作温度为800～1000 ℃，处理时间为30～60 min；工件作为负极，其上加载3 kV直流电压，并产生溅射，同时，工件背面装有加热器对工件进行辐射辅助加热。用180°偏转的电子束使Ti锭熔化、蒸发，蒸发出来的Ti元素和反应气体N_2在材料表面附近的放电空间被迅速活化、裂解为等离子体，使得$2Ti + N_2 = 2TiN \downarrow$的反应过程迅速进行，在试样表面发生反应、沉积并渗入试样内部，由表及里形成20 μm厚的TiN梯度分布。

图7.18所示为Ti（C，N）基金属陶瓷经离子活化热等静压复合氮化处理后的试样的显微组织。由图7.18（a）至图7.18（c）可见，TiN颗粒由表及里缓慢减少。

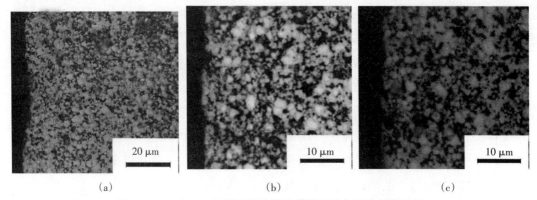

图7.18 Ti（C，N）基金属陶瓷热等静压氮化后的显微组织

EPMA与SEM的分析结果表明：离子活化热等静压法形成的梯度显微组织是TiN在表层富集、呈梯度分布，在试样表面形成金黄色的TiN硬质梯度薄膜，TiN薄膜的外观如图7.5（a）中的3号试样所示。离子活化热等静压复合氮化处理后形成的TiN硬质薄膜与气氛热等静压氮化处理后的试样同为TiN梯度硬质薄膜，在该薄膜区域内，没有明显的相界面，这就使得热应力在表层难以集中，从而有效抑制了表面裂纹萌发，提高了耐热疲劳性能，并且TiN梯度薄膜与基体的结合强度高，能够更好地发挥TiN的高强、高硬、高耐磨的固有特性，提高了材料的使用性能。

离子活化热等静压复合氮化处理机理是通过等离子体的作用在靶材蒸发出的Ti元素和反应气体N_2在材料表面附近的放电空间被迅速活化、裂解，使得$2Ti + N_2 = 2TiN \downarrow$的反应过程迅速进行，在扩散反应的协同作用下，在试样表面发生反应、沉积并渗入试样内部，由表及里形成20 μm厚的TiN梯度分布。工作条件相比气氛热等静压氮化处理大幅降低：工作气氛压力从120 MPa以上的高压，降低为10 MPa左右；处理时间从

4 h缩短为0.5～1 h处理温度由1000 ℃以上，降低为800～1000 ℃。研究结果表明：Ti（N，C）基金属陶瓷在离子活化热等静压复合氮化处理过程中形成TiN梯度分布，这种分布存在原位脱碳增氮机制，该机制的热力学依据仍需要继续深入研究。

离子活化热等静压复合氮化处理与气氛热等静压氮化处理在氮化处理机理上基本相同，主要区别在于反应条件上。离子活化热等静压复合氮化处理充分利用了等离子的高温、高能量密度及高活性，通过活化反应$2Ti + N_2 = 2TiN\downarrow$与扩散反应相结合，高效形成TiN梯度层，大幅降低了反应压力、缩短了反应时间、降低了反应温度，这对于规模化生产梯度材料具有重要意义。

图7.19为Ti（C，N）基金属陶瓷梯度材料内部组织的背散射电镜形貌（SEM）。

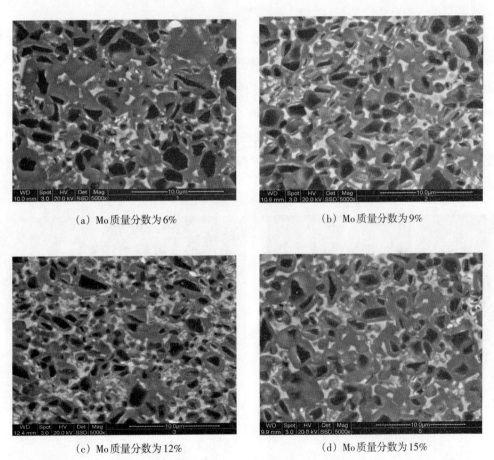

（a）Mo质量分数为6%　　　　　　　　（b）Mo质量分数为9%

（c）Mo质量分数为12%　　　　　　　（d）Mo质量分数为15%

图7.19　Ti（C，N）基金属陶瓷梯度材料内部组织的背散射电镜形貌（SEM）

由图7.19可见，其组织结构为典型的芯-壳结构，多数为黑色的芯部外包覆着白色的内环相，内环相外包覆着灰色的外环相；少数为白色芯部外包覆着灰色的环形相。随着Mo质量分数的增加，环形相变厚，证实了添加Mo的Ti（C，N）基金属陶瓷，经等离子活化氮化处理后形成的芯-壳结构有黑色、白色两种芯部。

形成黑色芯部的原因是：随着等离子活化氮化处理温度的升高，WC、Mo、TiC等相互间发生扩散，对于较大的TiC硬质相颗粒，在液相出现之前，未完全溶解，成为黑色的芯部；当液相出现后，随着溶解—析出现象的进行，在黑色芯部周围形成一层白色的（W，Mo，Ti）C内环相；继续升温，TiN分解，产生的N替代部分C，形成灰色的（W，Mo，Ti）（C，N）外环相。

形成白色芯部的原因是：在液相出现前，由于WC、Mo、TiC等相互发生扩散，较细的TiC颗粒完全溶解，形成固溶的白色（W，Mo，Ti）C初始芯部；随温度升高出现液相时，在初始芯部表面继续析出一层白色的（W，Mo，Ti）C，其与初始芯部的结构差别小，共同组成白色的芯部；继续升温，TiN分解，产生的N替代部分C，在芯部表面形成灰色的（W，Mo，Ti）（C，N）包覆层。

由于硬质颗粒大部分较粗，形成的组织结构以黑色芯部的芯-壳结构为主，如图7.19所示。在背散射电子形貌图中，平均原子序数较大的呈现白色，而平均原子序数较低的呈现黑色。经能谱分析，颜色较亮的内环相含W较高，外环相含W次高，黑色芯部Ti含量最高，白色的黏结相中Ni含量最高。

图7.20所示为Ti（C，N）基金属陶瓷梯度材料在裂纹萌发阶段的宏观断口形貌，可见大颗粒硬质相的晶界处为裂纹源，呈平行分布的台阶状。图7.21所示为裂纹扩展阶段宏观断口形貌，呈典型的河流状花样。

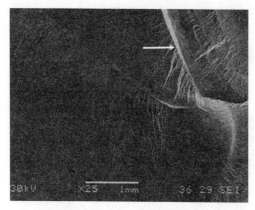 

图7.20　Ti（C，N）基金属陶瓷裂纹萌发阶段断口形貌　　**图7.21　Ti（C，N）基金属陶瓷裂纹扩展阶段断口形貌**

图7.22所示为Ti（C，N）基金属陶瓷梯度材料的断口形貌。由图7.22可见，试样的断裂均以沿晶断裂为主，说明晶内强度高于晶界强度，Mo质量分数为9%时的晶粒尺寸较均匀，氮化处理温度对微观组织均匀性的影响较小。

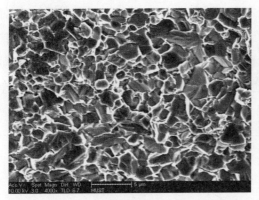 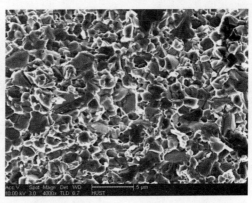

（a）Mo质量分数为9%，经800℃氮化处理后的断口　　（b）Mo质量分数为12%，经800℃氮化处理后的断口
　　　形貌　　　　　　　　　　　　　　　　　　　　　　　　形貌

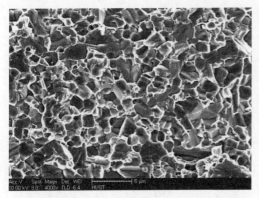 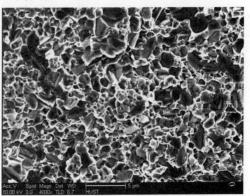

（c）Mo质量分数为9%，经1000℃氮化处理后的断　　（d）Mo质量分数为12%，经1000℃氮化处理后的断
　　　口形貌　　　　　　　　　　　　　　　　　　　　　　　口形貌

图7.22　Ti（C，N）基金属陶瓷梯度材料的断口形貌

　　图7.23所示为等离子活化氮化处理后试样的抗弯强度随Mo质量分数变化曲线。由图7.23可见，随着Mo质量分数增加，抗弯强度呈抛物线形变化，当Mo质量分数为9%时，抗弯强度值达到最高。

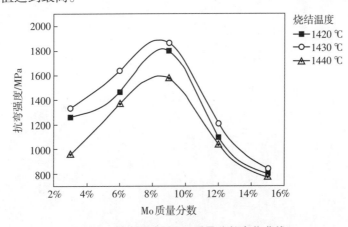

图7.23　抗弯强度随Mo质量分数变化曲线

图7.24所示为等离子活化氮化处理后试样的硬度（HRA）随Mo质量分数变化曲线。由图7.24可见，当Mo质量分数为6%时出现一个峰值，当Mo质量分数为9%时，其硬度最低，继续增加Mo质量分数，当Mo质量分数为15%时，硬度值最高。综合抗弯强度来看，当Mo质量分数为9%时的相对低硬度与较高的抗弯强度，是取得较高断裂韧性的原因，其综合性能相对较好。

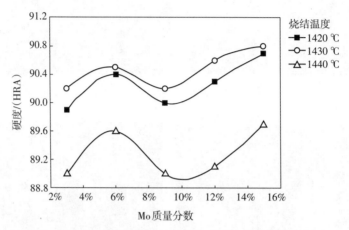

图7.24 硬度（HRA）随Mo质量分数变化曲线

综上，利用离子活化热等静压复合氮化处理方法，可以充分发挥等离子体的高温、高能量密度及高活性的优势，降低梯度材料在制备中的温度、压力、时间等工艺条件，可以经济地在Ti（C，N）基金属陶瓷表面制备出具有梯度分布的TiN硬质薄膜层。Ti（C，N）基金属陶瓷梯度材料在热加工中具有缓解热应力、避免应力集中、抑制裂纹萌发的作用，从而提高材料的韧性与抗热疲劳能力，对于热作工模具材料具有重要意义，对于工业生产具有重要价值。

参考文献

[1] ETTMAYER P,LENGAUER W. The story of cermets[J]. Powder metallurgy international, 1989,21(2):37-38.

[2] ETTMAYER P. Hardmetals and cermets[J]. Annual review of materials science,1989, 19:145-164.

[3] TAYLOR M,THOMAS L. TiN improves properties of titanium carbotride-base materials [J]. International journal of refractory metals & hard materials,1986(5):13-16.

[4] NEIL P. Cermets:wettability and microstructure studies in liquid-phase sintering[J]. Ceramics international,1957,40(3):315-320.

[5] 熊惟皓. 颗粒型复合硬质材料微观组织与界面结构的研究[D]. 武汉:华中理工大学,1994.

[6] SCOTT K. Some issues in Ti(C, N) - WC - TaC cermets [J]. Materials, science and engineering,1996,A209:306-312.

[7] FRANK M,VERN M,ANDY B. Microstructure of hot-pressed Ti(C,N)-based cermets [J]. Journal of the European ceramic society,2002,22:2587-2593.

[8] KEN W,PETER J,KEVIN S,et al. Effect of WC and group IV carbides on the cutting performance of Ti(C, N) cermet tools[J]. International journal of machine tools & manufacture 2004,44:341-343.

[9] JANG J,KANG S. Effect of ultra-fine powders on the microstructure of Ti(C,N)-xWC-Ni cermets[J]. Acta materialia,2004,52:1379-1386.

[10] LIU N, XU Y D, ZHENG Y, et al. Influence of molybdenum addition on the microstructure and mechanical properties of TiC - based cermets with nano - TiN modification[J]. Ceramics international,2003,29:919-923.

[11] QI F,KANG S. A study on microstructural changes in Ti(C,N)-NbC-Ni cermets[J]. Materials science and engineering,1998,A251:276-285.

[12] SUN A,KASSA K,OKELAN K. Preparation of ultra fine tic dispersed ni-based cermet

by mechanical alloying[A]. UK: European Powder Metallurgy Association, 2003: 440-444.

[13] FAN S Q, CAI H F, JIN Z H. Combustion synthesis of TiC₂-Ni composite[J]. Journal of materials science, 2007, 32(7): 4219-4224.

[14] DAVID P J, MARTIN K D. Combustion synthesis dynamic densification of TiC2 Ni cermets[J]. Journal of materials synthesis and processing, 1998, 2(4): 255-274.

[15] HAN J C, ZHANG X H, WANG J. Combustion synthesis and densification of TiC2-Ni cermets[J]. Materials science and engineering, 2000, A280(2): 328-333.

[16] MARCUS H, MIKE P M. Cermets: i, fundamental concepts related to micro-strcture and physical properties of cermet systems[J]. Journal of the American ceramic society, 1996, 39(2): 60-63.

[17] MICHAEL P M, MIKE H. Cermets: Ⅱ, Wettability and microstructure studies in liquid-phase sintering[J]. Journal of the American ceramic society, 1971, 40(9): 315-320.

[18] KIEFFER R, Ettmayer P. Modern Development in P/M[M]. New York: Plenum Press, 1971: 201-203.

[19] KIEFFER R. Uber neuartige Nitrid–und Karbonitrid–Hartemetal[J]. Metal, 1971, 25(1): 59–63.

[20] RICHARD Y A. Mechanically prepared nanocrystalline materials[J]. Materials transactions, JIM, 1995, 36(2): 228-239.

[21] RICHTER V, RUTHENDORF M V. On hardness and toughness of ultrafine and nanocrystalline hard materials[J]. International journal of refractory metals & hard materials, 1999, 17: 141-152.

[22] EHIRA M, EGAMI A. Mechanical properties and microstructures of submicron cermets[J]. International journal of refractory metals & hard materials, 1995, 13(5): 313-319.

[23] 王洪涛. 细晶粒 Ti(C,N)基金属陶瓷模具材料研究[D]. 武汉: 华中科技大学, 2006.

[24] ALEX A. Life of TiN and Ti(C, N) coated and uncoated HSS drill[J]. Surface engineering, 1988, 4(4): 316-329.

[25] LASALVIA J C, MEYERS M A. Microstructure, properties and mechanisms of TiC-Mo-Ni cermets produced by SHS[J]. International journal of self-propagating high-temperature synthesis, 1995, 4(1): 43-57.

[26] QUIN C J, KOHLSTEDT D L. Reactive processing of titanium carbide with titanium[J]. Journal of materials science, 1984(19): 21-27.

[27] 丰平. 超细晶粒 Ti(C,N)基金属陶的研究[D]. 武汉: 华中科技大学, 2004.

[28] MUN S,KANG S. Effect of HfC addition on microstructure of Ti(C,N)-Ni cermet system [J]. Powder Metallurgy,1999,42:251-256.

[29] NAKAMURA S. Cutting performance of submicro - grained Ti (C, N) cermets [J]. Proceeding of international plansee seminar,1997,11:34-39.

[30] JEON E T,JOARDAR J,KANG S. Microstructure and tribo-mechanical properties of ultrafine Ti (CN) cermets [J]. International journal of refractory metals and hard materials,2002,20:207-211.

[31] GARCIA J,PITONAK R. The role of cemented carbide functionally graded outer-layers on the wear performance of coated cutting tools [J]. International journal of refractory metals and hard materials,2013,36:52-59.

[32] 新野正之,平井敏雄, 渡边龙山.倾斜机能材料—宇宙机用超耐热材料な目指して [J]. 日本复合材料学会志,1987,13(6):257-259.

[33] ESO O,FANG Z A. Kinetic model for cobalt gradient formation during liquid phase sintering of functionally graded WC-Co [J]. International journal of refractory metals and hard materials,2016,25(4):286-292.

[34] PENG X, YAN M,SHI W. A new approach for the preparation of functionally graded materials via slip casting in a gradient magnetic field [J]. Scripta materialia, 2015, 56 (10):907-909.

[35] 张大勇,石增敏. 原始成分组成对Ti(C,N)基金属陶瓷烧结性能的影响[J]. 粉末冶金技术. 2012,30(02): 83-88.

[36] XIANG D P,ZENG X M. Microstructure in carbonitride cermets [J]. Materials science and technology, 2001,17(9):63-69.

[37] 刘宁,刘灿楼,赵兴中,等. TiN及WC加入量对Ti(C,N)基金属陶瓷组织和性能的影响[J]. 硬质合金,1994(1):13.

[38] MARI D,CUTARD T. The role of molybdenum in the hard-phase grains of(Ti,Mo)(C,N)-Co cermets[J]. Philosophical magazine,2004,11(6):1717-1733.

[39] CONFORTO E,MARI D,CUTARD T. The role of molybdenum in the hard-phase grains of(Ti,Mo)(C,N)-Co cermets[J]. Philosophical magazine,2004,11(6):1721-1723.

[40] JOARDAR J,KIM S W,KANG S. Effect of nanocrystalline binder on the microstructure and mechanical properties of ultrafine Ti (CN) cermets [J]. Materials science and engineering,2003,A360(1/2):385-389.

[41] LIU N,XU Y D,LI H,et al. Effect of nano-micro TiN addition on the microstructure and mechanical properties of TiC based cermets [J]. Journal of the European ceramic

society,2002,22(13):2409-2414.

[42]　KANG S. Stability of N in Ti(C,N) solid solution for cermet application[J]. Powder metallurgy,1997,40(2):139-146.

[43]　XU S Z,WANG H,ZHOU S Z. The influence of TiN content on properties of Ti(C,N) solid solution[J]. Materials science and engineering ,1996,A209:294.

[44]　SIDNEY B,GARY F,MARI D,et al. TiMo(C,N)-based cermets :high-temperature deformation[J]. International journal of refractory metals and hard materials,2003,21: 19-29.

[45]　CHEN L,WALTER L,PETER E,et al. Fundamentals of liquid phase sintering for modern cermets and functionally graded cemented carbonitrides (FGCC) [J]. international journal of refractory metals and hard materials,2008,18:307-322.

[46]　NISHIMURA T,MURAYAMA K. Some properties of cermet sintered in nitrogen gas [J]. International journal of refractory metals and hard materials,1995,3:31.

[47]　CONFORTO E,MARI D,CUTARD T. The role of molybdenum in the hard-phase grains of(Ti,Mo)(C,N)-Co cermets[J]. Philosophical magazine ,2014,11(6):1726-1731.

[48]　CORDOBA J M. Properties of Ti(C,N) cermets synthesized by mechanically induced self-sustaining reaction[J]. Journal of European ceramic society,2009,29:1183-1188.

[49]　FENG P,XIONG W H. Spark plasma sintering properties of ultrafine Ti(C,N)-based rennet[J]. Journal of Wuhan University of technology-mater,2004,19(1):69-72.

[50]　CARY S. Fundemental concepts related to microstructure and physical properties of cermet system[J]. Journal of the American ceramic society,1956,39(2):60-68.

[51]　MOSHOWITZ D,HUMENNIK M. Cemented titanium carbide cutting tools[M]. New York:Plenum Press,1996.

[52]　PARK J K,PARK S T. Densification of TiN-Ni cermets with addition of Mo2C[J]. International journal of refractory metals and hard materials,1999(17):295-298.

[53]　熊惟皓,胡镇华,崔昆. Ti(C,N)基金属陶瓷的相界面过渡层[J].金属学报,1996 (10):1075-1083.

[54]　郑勇,刘文俊,游敏,等. Cr_3C_2和VC对Ti(C,N)基金属陶瓷中环形相的价电子结构 和性能的影响[J].硅酸盐学报,2004(4):422-426.

[55]　刘宁,吕庆荣,姜勇,等. 化学成分对Ti(C,N)基金属陶瓷力学性能的影响[J].硬质 合金,1999(11):206-212.

[56]　BOLOGNINI S,FEUSIER G,MARI D,et al. TiMoCN-based cermets:high-temperature deformation[J]. International journal of refractory metals and hard materials,2013,21:

31-33.

[57] EDWIN F. Microstructural-property relationships for ultrafine grained materials [J]. Metallurgia, 2001, 8:11-16.

[58] 刘宁,胡镇华,崔昆. Mo 在颗粒型复合材料金属陶瓷中的作用[J]. 稀有金属材料与工程, 1994(6):45-49.

[59] 刘宁,刘灿楼,赵兴中,等. Mo、Ni 含量对 Ti(C,N)基金属陶瓷组织和性能之间的关系[J]. 硬质合金, 1995(5):74-79.

[60] JUNG I J, KONG S H. A study of the characteristics of Ti(C, N) solid solutions [J]. Journal of materials science, 2000, 35:87-93.

[61] WAN W C, XIONG J, LIANG M X. Effects of secondary carbides on the microstructure, mechanical properties and erosive wear of Ti(C, N)-based cermets [J]. Ceramics international, 2017, 43(1):944-952.

[62] KIM T S, PARK S S, LEE B T. Characterization of nano-structured TiN thin films prepared by R. F. magnetron sputtering[J]. Materials letters, 2005, 59:3934-3938.

[63] NIYOMSOAN S, GRANT W, OLSON D L, et al. Variation of color in titanium and zirconium nitride decorative thin films[J]. Thin solid films, 2002, 415:187-194.

[64] 刘宁,崔昆,胡镇华. 添加 AlN 对 Ti(C,N)基金属陶瓷力学性能和显微组织的影响 [J]. 理化检验(物理分册), 1997, 33(1):3.

[65] AHN S, KANG S. Effect of various carbides on the dissolution behavior of Ti(C0.7N0.3) in a Ti(C0.7, N0.3)-30Ni system[J]. International journal of refractory metals and hard materials, 2001, 19:539-546.

[66] SUNDGREN J E. Structure and properties of TiN coatings[J]. Thin solid films, 1985, 128:21-44.

[67] ZHANG X Z, GUSTAFSON F, ROLANDER U, et al. Microstructure of model cermets with high Mo or W content International [J]. Journal of refractory metals and hard materials, 1999, 17:411.

[68] VISHNYAKO V M, BACHURIN V I, MINMEBAEV K F, et al. Ion assisted deposition of titanium chromium nitride[J]. Thin solid films, 2006, 497(1/2):189-195.

[69] FREDETIC M, VALENTINA M, ALIDA B. Microstructure of hot-pressed Ti(C, N)-based cermets[J]. Journal of the european ceramic society, 2002, 22:2587-2593.

[70] Li Y, KATSUI H, GOTO T. Effect of heat treatment on the decomposition of TiC−ZrC solidsolutions by spark plasma sintering[J]. Journal of the European ceramic society, 2016, 18:2112-2119.

[71] 熊惟皓,胡镇华,崔昆. Ti(C,N)基金属陶瓷中碳化物的界面行为[J].材料导报,1998(4):14-18.

[72] FILATOVA E O, SAKHONENKOV S S, GAISIN A U, et al. Inhibition of chemical interaction of molybdenum and silicon in a Mo/Si multilayer structure by the formation of intermediate compounds [J]. Physical chemistry chemical physics, 2020, 12 (3): 266-273.

[73] KONIG T. Microstructural - property relationships for ultrafine grained materials [J]. Metallurgia, 2011, 8:7-9.

[74] 王洪涛,熊惟皓. Ti(C,N)基金属陶瓷合金成分与性能研究进展[J]. 粉末冶金工业,2006,16(4):36-41.

[75] LINDAH P. Self-propagating high temperature combustion synthesis of TiC/TiB ceramic-matrix composites[J]. Composites science and technology, 2002, 62:2041-2046.

[76] SAIDI A. The effect of carbon content and sintering temperature on structure formation and properties of a TiC-24%Mo-15%Ni alloy[J]. Planseeberichte fur pulvermetallurgie, 1974:22:91-98.

[77] YELI C L. Proceedings of international conference on the science of hard materials[C]. Rhodes: Adam Hilger, 1986:316-323.

[78] YUAN Q. Properties of nitrogen contained cemented carbides with a small amount of binder metal[J]. Journal of refractory metals and hard materials, 1986(4):171.

[79] YEN B K, VIATTE T. Study of the mechanical properties of Ti (C, N) - WC - Co hardmetals by the interpretation of internal friction spectra [J]. Journal of refractory metals and hard materials, 2001, 19:257-265.

[80] 王洪涛,熊惟皓. Mo 对 Ti(C,N)基金属陶瓷包覆相结构与性能的影响[J]. 硬质合金,2006,23(4):203-207.

[81] 熊惟皓,周凤云,李国安. 粉末粒度对 Ti(C,N)基金属陶瓷组织与性能的影响[J]. 华中理工大学学报,1995(12):37-41.

[82] ZACKRISSON J, ROLANDER U, JANSSON B, et al. Microstructure and performance of a cermet material heat treatment in nitrogen[J]. Acta mater, 2012, 48:4281-4291.

[83] GILLE G, SZESNY B, DREYER K, et al. Submicron and ultrafine grained hardmetals for microdrills and metal cutting insert [J]. Journal of refractory metals and hard materials, 2002, 20:13-22.

[84] FENG P, XIONG W H, YU L X, et al. Phase evolution and microstructure characteristics of ultrafine Ti (C, N) - based cermet by spark plasma sintering [J].

International journal of refractory metals and hard materials, 2004(22):133-138.

[85] 黄培云. 粉末冶金原理[M]. 北京:冶金工业出版社,1999.

[86] DOVID W, RICHERSON F. Modern ceramic engineering[M]. New York: M.Dekker, 1990.

[87] 梅炳初,袁润章.自蔓延高温合成技术制备TiC/Ni3Al复合材料的研究[J].硅酸盐学报,1994(2):168-172.

[88] DONG D Q, WEI Y, XIONG H W, et al. Ti(C,N)-based cermets with fine grains and uniformly dispersed binders: effect of the Ni-Co based binders[J]. Ceramics international,2020,46(5):6300-6310.

[89] LEIDERMAN M, BOSTEIN O, ROSEN A. Sintering, microstructure, and properties of submicrometre cemented carbides[J]. Powder metallurgy,2007,40(3):219-225.

[90] CHUL J C. Preparation of ultrafine TiC-Ni cermet powders by mechanical alloying[J]. Journal of materials processing technology,2014,104(1/2):127-132.

[91] SHI Z M, ZHANG D Z, CHEN S, et al. Effect of nitrogen content on microstructures and mechanical properties of Ti(C,N)-based cermets[J]. Journal of Alloys and Compounds, 2013,8(568):68-72.

[92] 熊计,沈保罗. 超细(TiC0.7,NO.3)金属陶瓷的烧结工艺研究[J].粉末冶金技术, 2014(3):164-167.

[93] 易继勇,古思勇,张厚安,等.超细Ti(C,N)基金属陶瓷的微波烧结工艺研究[J].矿冶工程,2011,31(3):119-121.

[94] 唐思文,张厚安. 真空微波烧结制备Ti(C,N)基金属陶瓷[J]. 粉末冶金技术,2010, 28(3):220-224.

[95] RODIGER K, DREYER K, GERDES T, et al. Microwave sintering of hardmetals[J]. International journal of refractory metals and hard materials,2013,16(4/5/6):409-416.

[96] 晋勇,王玉环,胡希川,等. 微波烧结金属陶瓷材料的工艺研究[J]. 工具技术,2004, 38(9):96-98.

[97] SUGIYAMA A, KOBAYASHI K, OZAKI K. Preparation of ultra fine tic dispersed ni-based cermet by mechanical alloying[A]. UK:European Powder Metallurgy Association, 2008:440-444.

[98] SEUNG I C, HONG S H, YANG K. Spark plasma sintering behavior of nanocrystalline WC-10Co cemented carbide powders[J]. Materials science and engineering, 2013, A351:31-38.

[99] FENG P, XIONG W H, YU L X, et al. Phase evolution and microstructure

characteristics of ultrafine Ti (C, N) - based cermet by spark plasma sintering [J]. International journal of refractory metals and hard materials, 2014, 22: 139-143.

[100]　WANG H T, XIA T D, ZHAO W J. Preparation of Al-Ti-C master alloy by SHS [J]. Rare metal materials and engineering, 2005, 12(5): 33-36.

[101]　SHANKAR E, PRABU S B. Influence of WC and cobalt additions on the microstructural and mechanical properties of TiCN - Cr3C2 - nano - TiB2 cermets fabricated by spark plasma sintering [J]. International journal of refractory metals and hard materials, 2017, 69: 110-118.

[102]　FAN Q C, CHAI H F, JIN Z H. Combustion synthesis of Ti2C2Fe composite [J]. Journal of materials science, 2007, 32(7): 4219-4224.

[103]　LA S C, MEYERS M A, KIM D K. Combustion synthesis dynamic densification of TiC_2 Ni cermets [J]. Journal of materials synthesis and processing, 2014, 2(4): 275-279.

[104]　HAN J C, ZHANG X H, WANG J V. In-situ combustion synthesis and densification of TiC_2-Ni cermets [J]. Materials science and engineering, 2010, A280(2): 328-333.

[105]　CORDOBA J M, SAN J. Properties of Ti (C, N) cermets synthesized by mechanically induced self - sustaining reaction [J]. Journal of european ceramic society, 2009, 29: 1186-1192.

[106]　PRAKASH L J. Application of fine grained tungsten carbide based carbides [J]. International journal of refractory metals and hard materials, 2004, 13: 257-264.

[107]　刘宁. Ti(C,N)金属陶瓷的制备及成分、组织和性能的研究 [D]. 武汉: 华中理工大学, 1994.

[108]　DUWZEN P, ODELL F. Phase relationships in the binary systems of nitrides and carbides of zirconium, columbium, titanium and vanadium [J]. Journal of the electrochemical society, 1996, 97(10): 299.

[109]　TRACEY V A. Nickel in hardmetals [J]. International journal of refractory metals and hard materials, 1996, 11: 137-149.

[110]　LI P P, YE J W, LIU Y, et al. The influence of low pressure sintering temperature on microstructure and properties of Ti (C, N) - based cermets [J]. Journal of functional materials, 2010, 41(10): 1724-1726.

[111]　COLIN C, DURANT L, FAVROT N, et al. Processing of functional - gradient WC - Co cermets by powder metallurgy [J]. International journal of refractory metals and hard materials, 1994, 12(3): 145-152.

[112]　WANG Y, XANG H. Spark plasma sintering properties of ultrafine Ti (C, N) - based

rennet[J]. Journal of Wuhan University of technology-materials science edition, 2004, 19(1):69-72.

[113] AKRMAN J, FISHER U R, HARTZELL E T. Cemented carbide body with extra tough behavior:5453241[P]. US Patent, 1994-01-18.

[114] 陈文琳,刘宁,晁盛. 添加碳化钛对超细Ti(C,N)-Ni金属陶瓷显微结构和力学性能的影响[J]. 硅酸盐学报. 2007,35(09):1210-1216.

[115] BACHER P F, HSUEH C H. Toughening behavior in whisker-reinforced ceramic matrix composites[J]. Journal of the American ceramic society, 2008,71(12):1050-1061.

[116] LEE M, BOROM M P, SZALA L E. Solidification of cemented carbide compositions containing excess amounts of carbon [J]. Fourth international conference on the science of hard materials, madeira, 1991, 2(3/4):196-203.

[117] LISOVSKY A F, TKACHENKO N V. Composition and structure of cemented carbides produced by MMT-process[J]. International journal of heat and mass transfer, 1998,33(8):1599-1603.

[118] ANDRÉN H O, ROLANDER U, LINDAHL P. Phase composition in cemented carbides and cermets[J].//BILDSTEIN H, ECK R. Proc. 13th Plansee Seminar, 1998,93(2):11-17.

[119] LINDAHL P, ROLANDER U, ANDREN H O. Atom-probe analysis of a commercial cermet[J]. Surface science, 1991,26(1/3):319-322.

[120] GOUPEE A J, VEL S S. Transient multiscale thermoelastic analysis of functionally graded materials[J]. Composite structures, 2010,92(6):1372-1390.

[121] 陈巧旺,姜中涛,刘兵. 梯度硬质合金的发展趋势[J]. 稀有金属,2012,31(5):9-12.

[122] DOVID W. Modern ceramic engineering[M]. New York:Marcel Dekker,2003.

[123] 齐宝森,王成国,姚新,等. 高能球磨金属铬、铝粉末的特征[J]. 稀有金属,2000,24(5):325-330.

[124] 杨君友. 铁基亚稳态材料的机械合金化研究:[D]. 武汉:华中科技大学,1996.

[125] 夏阳华,熊惟皓,丰平. 高能球磨制备Ti(C,N)基金属陶瓷硬质相超微粉[J]. 硬质合金,2004,21(02):81-85.

[126] 王洪涛,熊惟皓. 细晶粒Ti(C,N)基金属陶瓷制备技术与性能[J]. 硬质合金,2005,22(4):241-244.

[127] LIU N, XU Y D, LI H, et al. Effect of nano-micro TiN addition on the microstructure and mechanical properties of TiC based cermets[J]. Journal of the European ceramic

society,2002,22(13):2415-2419.

[128] EHIRA M,EGAMI A. Mechanical properties and microstructures of submicron cermets [J]. International journal of refractory metals and hard materials,1995,13(5):321-323.

[129] JOARDAR J,KIM S W,KANG S. Effect of nanocrystalline binder on the microstructure and mechanical properties of ultrafine Ti(C,N)cermets[J]. Materials science and engineering,2003,A360(1/2):391-396.

[130] XU S Z,WANG H P,ZHOU S Z. The influence of TiN content on properties of Ti(C,N) solid solution[J]. Materials science and engineering,1996,A295:298-306.

[131] CONFORTO E,MARI D,CUTARD T. The role of molybdenum in the hard-phase grains of(Ti,Mo)(C,N)-Co cermets[J]. Philosophical magazine,2004,11(6):1734-1738.

[132] LIU N,XU Y D,LI Z H,et al. Influence of molybdenum addition on the microstructure and mechanical properties of TiC-based cermets with nano-TiN modification [J]. Ceramics international,2003,29:923-928.

[133] LINDAHL P,GUSTAFSON P,ROLANDER U,et al. Microstructure of model cermets with high Mo or W content international [J]. Journal of refractory metals and hard materials,1999,17:416-423.

[134] KIM J,SEO M,KANG S. Microstructure and mechanical properties of Ti-based solid-solution cermets[J]. Materials science and engineering A,2011,528(6):2523-2528.

[135] MARI D,BOLOGNINI S,VIATTE T,et al. Study of the mechanical properties of TiCN-WC-Co hardmetals by the interpretation of internal friction spectra [J]. Journal of refractory metals and hard materials,2001,19:266-269.

[136] LINDAHL P,ROLANDER U,ANDREN H O. Atom-probe analysis of the binder phase in TiC-TiN-Mo2C-(Ni,Co)cermets[J]. Journal of refractory metals and hard materials,1994,12:121-123.

[137] ETTMAYER P,KOLASKA H,LENGAUER W,et al. Ti(C,N)cermets-metallurgy and properties[J]. Journal of refractory metals and hard materials,1995,13:353-358.

[138] QI F,KANG S. A study on microstructural changes in Ti(C,N)-NbC-Ni cermets[J]. Materials science and engineering,1998,A251:276-283.

[139] FREDERIC M,VALENTINA M,ALIDA B.Microstructure of hot-pressed Ti(C,N)-based cermets[J]. Journal of the European ceramic society,2002,22:2587-2593.

[140] ZHOU W,ZHENG Y,ZHAO Y,et al. Study on microstructure and properties of Ti(C,

N)- based cermets with dual grain structure[J]. Ceramics international, 2018, 44: 14487-14494.

[141] 陈文琳, 刘宁, 晁盛。添加碳化钛对超细Ti(C,N)-Ni金属陶瓷显微结构和力学性能的影响[J]. 硅酸盐学报, 2007, 35(09): 1210-1216.

[142] BOLOGNINI S, FEUSIER G, MARI D, et al. TiMoCN - based cermets : high - temperature deformation[J]. Journal of refractory metals and hard materials, 2003, 21: 16-28.

[143] LIU N, ZENG Q M, HUANG X M. Microstructure in carbonitride cermets[J]. Materials science and technology, 2001, 17(9): 61-66.

[144] KANG S H. Some issues in Ti(C, N)-WC-TaC cermets[J]. Materials science and engineering, 1996, A209: 306-312.

[145] 郑勇. Ti(C,N)基金属陶瓷的合金化及制备工艺[D]. 武汉: 华中理工大学, 1993.

[146] ABOUKHASHABA A. Life of TiN and Ti(CN) coated and uncoated HSS drill[J]. Surface engineering, 1988, 4(4): 316-329.

[147] LASALVIA J C, MEYERS M A. Microstructure, properties and mechanisms of TiC-Mo-Ni cermets produced by SHS[J]. International journal of self - propagating high - temperature synthesis, 1995, 4(1): 43-57.

[148] QUINN C J, KOHLSTEDT D L. Reactive processing of titanium carbide with titanium [J]. Journal of materials science, 1984, 19: 28-36.

[149] NAKAMURA S. Cutting performance of submicro-grained TiCN cermet[J]. Proceeding of international plansee seminar, 1997, 3: 34-38.

[150] JEON E T, JOARJAR J, KANG S. Microstructure and tribo-mechanical properties of ultrafine Ti(C, N) cermets[J]. Journal of refractory metals and hard materials, 2002, 20: 213-216.

[151] LIANG H L, XU J, ZHOU D Y, et al. Thickness dependent micro structural and electrical properties of TiN thin films prepared by DC reactive magnetron sputtering [J]. Ceramics International, 2016, 42(2): 2642-2647.

[152] ZACKRISSON J, ROLANDER U, JANSSON B, et al. Microstructure and performance of a cermet material heat treatment in nitrogen[J]. Acta mater, 2000, 48: 4287-4291.

[153] GILLE G, SZESNY B, DREYER K, et al. Submicron and ultrafine grained hardmetals for microdrills and metal cutting insert[J]. Journal of refractory metals and hard materials, 2002, 20: 23-28.

[154] YABARI A R. Mechanically prepared nanocrystalline materials[J]. Materials

transactions,JIM,1995,36(2):228-239.

[155]　RICHTER V, RUTHENDORF M V. On hardness and toughness of ultrafine and nanocrystalline hard materials[J]. Journal of refractory metals and hard materials, 1999,17:153-158.

[156]　PRAKASH L J. Application of fine grained tungsten carbide based carbides[J]. International journal of refractory metals and hard materials,1995,13:266-269.

[157]　CHEN L M, WALTER L, PETER E, et al. Fundamentals of liquid phase sintering for modern cermets and functionally graded cemented carbonitrides(FGCC)[J]. Journal of refractory metals & hard materials,2000,18:323-328.

[158]　ZACKRISSON J, ROLANDER U, JANSSON B, et al. Microstructure and performance of a cermet material heat-treated in nitrogen[J]. Acta mater,2000,48:4292-4296.

[159]　王晖.磁控溅射和多弧离子镀方法合成 ZrB2/AlN、CrN/AlN 纳米多层膜的研究[D].天津:天津师范大学,2009.

[160]　王洪涛,李宏.TiN硬质薄膜制备技术研究进展[J].粉末冶金工业,2016,26(1):60-63.

[161]　BURKHARD J. Characterization of the cathode spot[J]. IEEE transactions on plasma science,1987,15(5):474-480.

[162]　闻立时,黄荣芳.离子镀硬质膜技术的最新进展和展望[J].真空,2000(1):1-11.

[163]　王洪涛,李宏.细晶Ti(C,N)金属陶瓷烧结技术与性能研究进展[J].粉末冶金工业,2015,25(5):66-70.

[164]　LOUSA A, EATEVE J, MEJIA J P, et al. Influence of deposition pressure on the structural mechanical and decorative properties of TiN thin films deposited by cathodic arc evaporation[J]. Vacuum,2007,81(11/12):1513-1516.

[165]　BENDA M, MUSIL J. Plasma nitriding enhanced by hollow cathode discharge:a new method for formation of superhard nanocomposite coatings on steel surfaces[J]. Vacuum,1999,55(2):171-175.

[166]　ERDEMIR A, CHENG C C. Nucleation and growth mechanisms in ion-plated TiN films on steel substrates[J]. Surface and coatings technology,1990,41(3):285-293.

[167]　LIU B, ZHANG J Z, CHENG H F, et al. Investigation of titanium coating on Si3N4 by using a pulsed high energy density plasma(PHEDP)gun[J]. Materials chemistry and physics,1999,57(3):219-223.

[168]　YAN P X, HUI P, ZHU W G, et al. Deposition of TiAlN and nano-layered on cemented carbide at normal temperature by high energy density pulse plasma[J]. Surface and

coatings technology, 1998, 49(3): 175-179.

[169] 刘元富, 张谷令, 王久丽, 等. 脉冲高能量密度等离子体法制备 TiN 薄膜及其摩擦磨损性能研究[J]. 物理学报, 2004, 53(2): 503-507.

[170] YAN P X, YANG S Z, LI B, et al. A new technique for deposition of titanium carbonitride films at room temperature by high energy density pulse plasma [J]. Nuclear instrument and methods in physics research, 1995, 95: 55-58.

[171] PENG Z J, MIAO H Z, PAN W, et al. Characterization of superhard ternary (Ti, Al)N coatings prepared by pulsed high energy density plasma [J]. Key engineering materials, 2004, 264-268: 609-612.

[172] ZHANG M X, YAO H L, WANG H T, et al. In situ Ti(C, N)-based cermets by reactive hot pressing: reaction process densification behavior and mechanical properties [J]. Ceramics international, 2019, 45(1): 1363-1369

[173] SHANKAR E, PRABU S, PADMANABHAN K A. Mechanical properties and micro-structures of TiCN/nano-TiB 2 /TiN cermets prepared by spark plasma sintering [J]. Ceramics international, 2018, 44(8): 9395-9399.